U0292649

谢 致

本书编写过程中，感谢以下茶厂、茶行、茶人提供资料，协助图片拍摄工作。

云南地区

云南西双版纳勐海茶业责任有限公司
云南下关茶厂沱茶（集团）股份有限公司
云南六大茶山茶业有限公司
云南思茅古普洱茶业有限公司
云南思茅康堤茶品
云南南涧茶叶公司
云南昆明百茶堂
云南昆明古云海茶行
云南昆明锦云普洱茶行
云南昆明奥德赛茶庄
云南西双版纳金王号茶庄
云南易武顺时兴茶庄
云南昆明唐斌先生
云南省茶叶协会名誉理事长何仕华先生
云南前昆明茶厂翟元洪先生
云南昆明杨凯先生

港澳地区

澳门华联公司
澳门茶艺协会
香港林奇苑茶行
香港泉盛贸易公司
香港荣源茶行贸易公司
香港颜奇香茶庄
香港茗香茶庄
香港亨利贸易（普洱居）公司
香港新星茶庄
香港利安茶艺
刘贻琦先生
陈淦邦先生
余伟华先生

台湾地区

台北唐人工艺
台北二壶轩
台北谊欣陶艺
台北茶马之家
台北四季茶庄
台北钰壶轩
台中鸿记洋行茶业公司
台中长江艺术
台中祥兴极品茶庄
台中禾茂茶庄
台中张严仁先生
台南添茛茶行
台南逸茗轩茶艺中心
台南施文龙先生
高雄普茶庄

普洱茶 续

邓时海 耿建兴 著

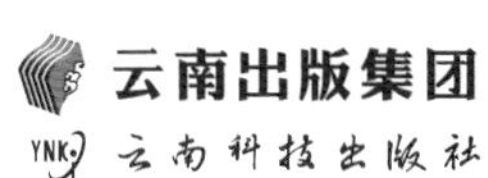

序

《普洱茶》一书出版迄今已经十年。这十年来普洱茶从仓库阴暗的角落，成为厅堂上品鉴的艺术精品；从一般茶楼的大壶茶，成为品茗桌上「京城尤重之」的贵族艺术。在中国大陆、港台、东南亚、日韩兴起了普洱热潮，人们不但认识了普洱茶的内涵与优美，也重新还给普洱茶应有的评价与地位，这一切转型趋势，《普洱茶》一书的出版正是一场及时雨。

由于收藏与品饮普洱茶的人口激增，《普洱茶》一书中所介绍的陈年老普洱茶，越来越不容易觅得；另一方面，私人茶厂兴起后，云南省的制茶量达到前所未有的高峰，一般新普洱茶品在选料与制茶方式上，仍然没有找出一个共同而确定的方向，各家各弹自己的调，茶叶市场上的纷杂也就难免了。有鉴于此，云南科技出版社乃有出版《普洱茶续》一书的构想与策划。

《普洱茶续》一书由耿建兴先生执笔，而本人负责校正工作。内容分成论述及茶品介绍两大部分：综论普洱茶近年的发展与未来的趋势、普洱茶的生命艺术之美和七子级、乔木级茶品介绍。耿先生近年多次深入滇西、滇南、港澳地区，探寻普洱茶的发展情形，并在中国台湾出版过当代普洱茶的专书，颇受好评。耿先生尤其对七子级茶品和乔木级茶品，有极精辟认知和见解！

普洱茶的历史，从茶品来看，大约可以分成五个时期：那些可考、可观、却不得饮的古董茶品，我们称为「贡茶级」普洱茶，例如陈列在杭州茶叶博物馆的人头贡茶。清朝中叶以后，私人茶庄兴起，一直到 1940 年国营佛海茶厂建厂止，这段期间的「号字级」普洱茶不可多得，身价也水涨船高，是今天最优良的陈年普洱茶。1940 到 1972 年这段期间，普洱茶的主力是国营茶厂的红印与蓝印、绿印等「印字级」普洱茶，这些茶品品质优良，能承号字级茶品遗风。1973 年以后普洱茶的原料、制程等都有了很大的变化，由于主要茶品的包装纸上都印有七子饼字样，因此我们称为「七子级」普洱茶。1995 年以后，私人茶厂再度兴起，依循号字级普洱茶的乔木、晒青、古法、自然陈化等标准重新被建构。百家争鸣、自由竞争，我们称为「乔木级」普洱茶。

本书承接《普洱茶》一书，继续介绍七子级与乔木级的普洱茶品。关于茶品的编辑，特别是「乔木级」普洱茶，由于和时代贴得太近，市场上流通量很大，也就很难全面照顾妥当。基本上，这部分茶品的选择难免有相当主观认定标准，同时也因本书的篇幅有限，不能将乔木级茶品一一介绍。但已经兼顾到了各种类型的代表性茶品，并且在每篇茶品的介绍文章中，详细说明了选择的理由。这些茶品基本上是依照生产先后顺序介绍、与品质无关。耿先生本身是中学教师，研究普洱茶是业余的兴趣，因此由他来筛选与收录的茶品，应属客观公允。

由于这几年普洱茶的品种与产量实在太大，在资料收集的过程中，挂一漏万、遗珠之憾在所难免。因此我们由衷期盼，继本书之后，还能够有更多的普洱茶书继续出版，以期将普洱茶品的面貌，更广泛全面地介绍给世人知晓。也希望未来普洱茶的发展，能传薪不已、兴盛繁荣！

普洱茶是极品　是明日之星

邓时海

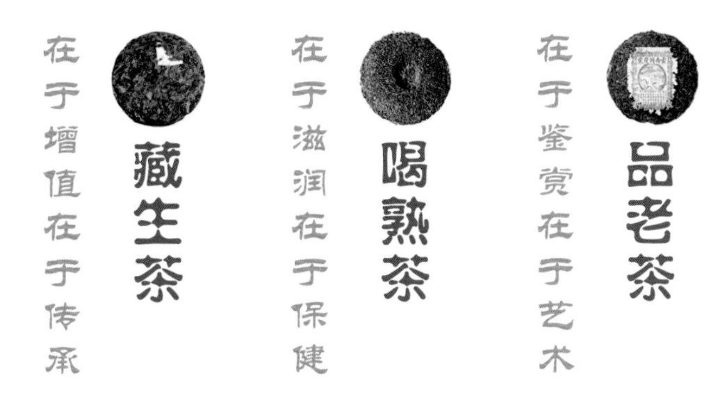

云南茶叶可考历史已有三千多年，清朝初年《物理小识》中“普洱茶蒸之成团西蕃市之”，最早确立了普洱茶之名，也确定了过去的云南茶就是普洱茶。普洱茶曾经是明朝和清朝有名的贡茶。尤其在西太后时代，清宫有“夏喝龙井、冬饮普洱”的规范。清代《滇海虞衡志》中“入山作茶者数十万人”，清代普洱茶业的发达可见一斑！

越陈越香应该是为了茶和酒而写的，普洱茶更以越陈越香作为其艺术境界的指针。目前我们可看到的，有一百五十年历史陈年的“金瓜贡茶”，我们可以品饮到的也有一百多年陈年普洱茶膏和号字级普洱圆茶。如被称为“普洱四大天王”的福元昌号、车顺号、同庆号、宋聘号等圆茶，都是上百年的普洱茶品。我们将留有实物的普洱茶品，以粗略划分近代普洱茶的断代史，可分为贡茶级、号字级、印字级、七子级、乔木级等普洱茶品。

1950 年以来，现代普洱茶发展有三波高峰时期：第一波高峰时期，约在四五十年前，香港茶楼特别兴起喝菊花普洱茶热潮，带动了普洱茶的商业市场。第二波高峰时期，约十五年前宜兴砂器市场逐渐走下坡路，许多台湾茶人转向品饮及收藏普洱茶，也带动了普洱茶的热销。第三波高峰时期，就是在当下，广州开始吹起了普洱茶流行风。这波高峰的力道和预期，都比以往两次强大而有力太多了。普洱茶即将进入另一个新纪元！

普洱茶能够一而再、再而三地一波又一波走向高峰，并非是偶然的。普洱茶是来自“茶的故土”云南省各地茶区的茶品，是原生大叶茶种，质优味纯厚甘醇。尤其那些在大山与樟树混生的传统乔木茶林，所生产的普洱茶青，制成生茶青饼，经长期干仓陈化，是普洱茶茶艺品茗的最优美茶品。世人已经公认茶是人类最好的饮料，而我们更认为普洱茶是茶中最好的饮料！一般茶品，尤其越是新鲜的茶，越是寒性、伤胃，容易引起失眠、醉茶等副作用。陈老普洱茶和熟茶普洱茶，则没有这些副作用，却有温性、暖胃、安神、补气的高贵特性。

普洱茶的品饮哲学是：喝熟茶、品老茶、藏生茶。云南传统优良的普洱茶，本是乔木青饼茶品。现在的普洱茶多为灌木熟茶产品，虽然在艺术品茗上的条件不足，但是对于保健功能是有同等高贵价值，喝熟茶普洱是可以喝出健康的！如果论及普洱茶艺术品茗，当然非陈年老茶莫属，而且是云南大山、樟林乔木、古法青饼、干仓陈化在四五十年以上的老茶品。喝熟茶，在于滋润，在于保健。品老茶，普洱茶的核心价值是越陈越香，普洱茶的品饮拥有「新、旧、老、陈、古」的韵味。透过陈老普洱茶年韵的品尝，反映了历史的长度、生命的高度。在普洱茶存放过程当中，改变了香气之美、滋味之美、韵感之美，将普洱茶推上了老茶品茗艺术最高端，晋至传统茶文化之最极致！品茗鉴赏陈老普洱茶是将普洱茶的生命，经过越陈越香，在淡泊宁静中转化出来陈老历史的年韵，注入我们的身体血脉中，茶与人的生命融合为一体，享受永恒之美感！藏生茶，在于增值，在于传承。前人种树后人乘凉，是中华文化的传统美德。普洱茶那种“祖父做孙子卖”的升华历程，在收藏普洱茶过程中最能感受到普洱茶传统艺术的淋漓尽致。而且藏新茶将来才有老茶喝，并且自己收藏的茶自己品饮，分外多出一段情感之美。每位普洱茶人都应该持续地收藏一些新的生茶普洱茶，拥有了不同年代的普洱茶品，才能品饮享受普洱茶全面而完整的艺术之美，普洱茶的茶艺品茗是“生命艺术”！

普洱茶之所以能在上百种茶的行列中，持续历久不衰且有越来越普及的趋势，是因为普洱茶较其他茶品更能表现多采多姿的茶性。生茶熟茶、新茶老茶、老树新园、乔木灌木以及各民族多样化的普洱茶品饮。普洱茶有着古老传统的含蓄之美，更有着现代的活泼多样之美。普洱茶是多功能、高功效的饮料；普洱茶是当今最有魅力的茶品，更是可以期待的明日之星！

撰文者：台湾师范大学　教授

台湾普洱茶学会会长

目　录

如何挑选生茶 熟茶 老茶

如何挑选七子级普洱茶

七子级茶品录

如何选购乔木级普洱茶

乔木级茶品录

如何挑选生茶

熟茶

老茶

找茶趣

走进茶行，面对琳琅满目的茶品，您是否已经胸有成竹，决定要买某款茶品？或是准备让茶行介绍，再决定要买什么茶？还是根本就破釜沉舟，做好了「交学费」的心理准备？我们这里就来谈谈如何选择茶品。

我们还是应该反问自己，是不是清楚自己为什么要买茶？您准备当作股票一样来投资，还是要当成艺术品摆在家中装饰？是准备典藏期待日后的陈化，还是回家后要立即饮用？如果要当成投资，那么除了品质之外，可能要考虑该款茶品的总量、市场目前的反应、茶品的被识别程度、仓储状况。如果要当成艺术品来装饰，那么茶品的外观品相、造型色彩、历史意义等就成了考虑的重心。如果是要买来收藏，期待日后转变陈化，等到越陈越佳的陈香茶韵出现后，才细细品饮的话，那么从茶质到工序、仓储，都必须认真辨别，才不会期待多年，到头却一场空。而如果要当下饮用，那么就要特别注重在茶行的试饮、当下身体的反应、以及个人喜好的口感等的问题了。

一般来说，从老茶一饼难求的市场现状来看，大部分的茶友应该是以一边品老茶、一边喝熟茶、一边收藏新茶为主。一方面让新茶茶品积年累月的不断变化现象，陪伴茶人度过悠悠岁月，也在日常生活中因着茶品的转化而有不定期的意外惊喜；另外一方面，现实生活中，也有足量的熟茶和年份够老的茶常相伴随，解饥止瘾。

选购茶品，应该从试喝开始。但是要选哪一款茶品来试呢？除非您是老顾客，不然大约茶行老板会问下面三个问题：生茶、熟茶；老茶、新茶、多少年份的茶；喜欢霸气十足的刚烈，还是温和柔顺的口感。待您一一回答后，茶行老板心中大约也有了谱，决定要拿哪一款茶来试饮了。在这概略的分类中，如果您要的是「温和柔顺的新熟茶」，因为这类的茶品到处见得到，价格也可以说人人买得起，那么大约不会有太大的风险。但是如果您要的是「霸气十足的老、生茶」，那就充满趣味与挑战了，茶行老板大约会试试您的「底」——品茶的功夫。换句话说，如果想喝到这类茶品，也许还要看您的能耐，品茶功力够的，才有机会让茶行老板请出这类茶品来应仗，品茶功力不足，大约只好交些学费败兴而归了。

不过这里应该要先弄清一个观念：什么是生茶？什么是熟茶？其实这两个词的意义本来就充满争议，用简单概略的生、熟两个字，来说明制茶的工序问题，也不符合实际情形。不过因为制茶的工序是相当学术性、经验性的问题，我们不在这里多谈，这里要弄清的生、熟概念，其实不复杂，一般茶行老板问这个问题，只是想知道，您想要喝的茶，经不经过渥堆工序。

挑选渥堆茶品

什么是渥堆茶品呢？所谓「渥堆」是指一种制茶工序，当茶叶采收经过初制成为毛茶后，用人工的方法加速茶叶陈化的一种过程。一般而言，方法是在毛茶上洒水，促进茶叶酵素作用的进行，期间也有微生物参与发酵，待茶叶转化到一定的程度后，再摊开来晾干。经过渥堆后的茶叶，随着渥堆程度的差异，颜色已

渥堆茶叶进行摊晾　　资料提供 普洱茶业集团有限责任公司

经由绿转黄、栗红、栗黑，在学术上被归类为黑茶类了。从历史的角度来看，虽然从 20 世纪 60 年代开始，陆陆续续有茶厂开始进行渥堆发酵的实验，但是技术成熟，正式投入生产，大约都是文革后的事了。

那么茶叶为什么要渥堆？从制程来看，答案很简单：加速陈化。原来云南是茶叶的原乡，加上土地面积广大，又地处边陲，人口密度较低，所以自古以来自然环境受到破坏的程度较小，也使得茶树保留了最原始的「野性」，这类原始的茶树品种茶质厚重，从茶树摘采下来后，经过简单的加工制成毛茶，如果要直接饮用，会让许多人的肠胃不胜负荷，因为茶性实在太寒了。早年因为交通不发达，通过茶马古道来运输的茶叶，在长时间的旅程中，都已经经历了一次转化，再加上香港茶楼不经意的存茶行为，使得普洱茶越陈越佳的口碑不胫而走。然而随着饮茶人口的增加，茶叶需求量的增大，云南的茶人开始苦思加速茶叶陈化的方式，而渥堆法就是因此研制出来的制茶工序。

那么茶品渥不渥堆，差别在哪里？我们从茶品的色泽条索、茶汤的色泽、叶底的弹性色泽、茶滋口感等方面，都能区别。从茶叶来看，经过渥堆的茶叶条索，未冲泡前缺少光泽，冲泡时颜色深栗，冲泡后叶底缺乏弹性，颜色比较均匀一致。从茶汤的颜色来看，渥堆茶品汤色由栗色到深栗色，明显比同时期的非渥堆茶品要深。从口感来看，渥堆茶品有一股特殊的渥堆熟香，茶汤一般较为柔顺，但是缺少层次变化，舌面无特殊渗透感觉，多试饮几次就不难区分了。渥堆也有轻重之分，也有人称为「红水的程度」，如果从同时期茶品的茶汤来看，渥堆程度越重，茶汤颜色就越深，反之则越浅。

正在渥堆茶叶　　资料提供 普洱茶业集团有限责任公司

选购熟茶有几个要项，在这里提供参考。

第一，茶品没有异味杂味，将茶品拿至鼻边轻轻嗅闻，能飘荡出一股熟香的茶品为佳。茶容易吸附其它异味，有些仓储条件不好的茶品，更可能长年累月浸泡在这种异味中，早些年普洱茶给人霉味、臭铺等印象，大约都与仓储不当有关。

第二，茶汤杯底沉淀的杂质量要少，茶汤呈现清澈酒红透亮者为佳。一般茶品冲泡时杯底也会有些沉淀物，例如碎叶、叶背绒毛等，这是正常现象，但是如果静置一段时间后，沉淀出过量的杂质，那就要特别注意了。

第三，叶底避免出现碳化屑末，也应避免叶缘大量焦黑，这可能是渥堆过程中温控不当，或是渥堆过头的现象，是制茶工序上有失误的结果。

第四，虽然口感随个人喜好而有不同，但是如果茶汤入口后，觉得水性生硬、或淡而无味、或干燥锁喉等现象，那么无论如何不能算是好茶品了。

第五，由于渥堆的过程中，茶叶是处在温湿的环境中，这样的环境比较容易滋生细菌，因此茶厂渥堆车间的卫生条件就相当重要。由于渥堆缺乏一套科学客观的标准工序，而刚开始开放和私人茶厂制茶的几年，云南当地部分私人茶厂的卫生条件也不尽理想，所以要特别注意所购买茶品的卫生问题。这几年许多茶厂的卫生条件都已经大幅度改善，如果在茶品中能附上卫生相关单位检验的证明文件，相信对消费者也是一种保障。

如果要选购的是「熟茶」，虽然依旧有越陈越佳的特性，但是因为在制茶工序上，使用渥堆的程序的理念，就是希望达到当日出厂、立即饮用、又有老陈味，所以一般而言是直接买来喝的，即便要陈放，时间也缩短许多。根据一般茶友的经验，大约十五至二十年间，品质表现就很好了。但这也只是个经验值，随着许多不同的变因，也会有不同的结果。本书以作者的立场，认为购买经过渥堆工序的普洱茶，不需囤积储藏，依个人的喜好，适量购买，立即饮用为佳。

一般来说，购买渥堆茶品所遇到的问题，大约是茶行在年份上作文章，虚报几年以卖个好价钱的事件时有耳闻，但是由于渥堆茶品相对而言价格是比较便宜的，所以只要多试喝几次，再辅以本文上面提到的几种鉴别方式，通常不会吃太多亏。真正会吃亏的，是茶行将渥堆茶品拿来当「生茶」中的老茶来卖，消费者喝到名不符其实的茶品，还得付出高额的成本，相当不值得，因此要特别谨慎；根据笔者的经验，这其中又以购买散茶时，更要小心。

挑选生茶茶品

谈完「熟茶」，我们再来看「生茶」。「生茶」的选购要比「熟茶」困难许多，需要注意的地方也很多，其中又充满各种「陷阱」，购买时真要步步为营。

生茶这两个字，用比较精准一些的说法，应该是「晒青压制茶」，什么是「晒青压制茶」？这是就制程说的。所谓的晒青，是指初（粗）制茶叶的最后一道干燥程序，是将茶叶放在太阳底下晒干的。原来茶叶摘采后，需要先经过锅炒，使茶叶软化利于揉捻，茶叶经过揉捻后，就要抖散开来，置于日光下曝晒。经过紫外线日照的毛茶，具有特殊的太阳味，我们称为「晒青毛茶」。而茶厂从各地茶农收购晒青毛茶，再进行加工，蒸压成各种形状、等级、品质、粗细的茶品，就是晒青「压制茶」了。

抖散

揉捻

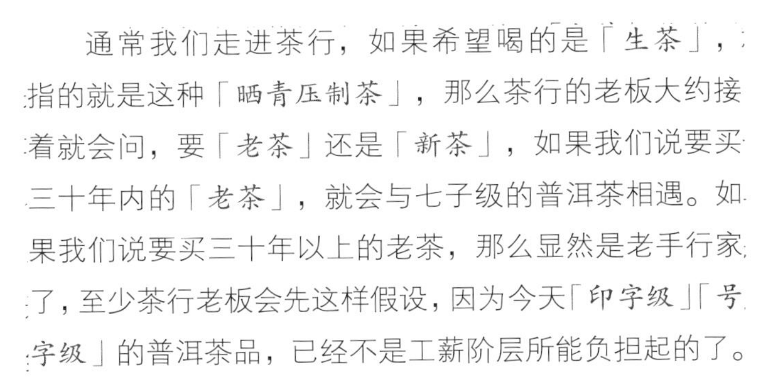

通常我们走进茶行，如果希望喝的是「生茶」，指的就是这种「晒青压制茶」，那么茶行的老板大约接着就会问，要「老茶」还是「新茶」，如果我们说要买三十年内的「老茶」，就会与七子级的普洱茶相遇。如果我们说要买三十年以上的老茶，那么显然是老手行家了，至少茶行老板会先这样假设，因为今天「印字级」「号字级」的普洱茶品，已经不是工薪阶层所能负担起的了。

挑选陈年老茶

要买三十年以上的老茶，会遇到几个陷阱：新茶当老茶卖、渥堆茶当老茶卖、边境茶当云南茶卖、湿仓茶当陈年茶卖、换了外包装纸名不符其实地卖、新散茶加工后当老散茶或老茶散块卖……或许一言以蔽之吧！

如果要购买「号字级」「印字级」的老茶，或许应该先问清楚自己，为什么要买这么高档的茶。以号字级的老茶来看，目前已经很少有人是买来喝的，市场与数量都非常有限，主要有几种人会买这么高档的茶：茶商开店拿来摆门面、投资客买来期待茶价的持续翻扬、收藏家以艺术文物珍藏、商贾大亨表示就是有钱买这种茶来享受。至于印字级的茶，如果收茶的年代早些，收的数量又多些的，大约是目前普洱茶界最有福气的一批人，他们可以依靠少数茶品的转手来回收成本，又坐拥陈年老普洱茶日日相伴，不过这样的人，应该是少数中的少数吧！

购买印字级的茶与号字级的茶，困难度相对不高，只要确认茶品正确，那么确认茶品没有因潮湿受损大约就可以了。由于目前普洱茶的信息已经逐渐透明化，要确认茶品正确与否，大约只要按图索骥就可以，邓时海教授所著的《普洱茶》一书，就是最好的图鉴。因为大多数的茶品都有收录，仔细比对品相、内飞、重量、外观形状，大约就不会出错了。目前市面上出现两本书，一本是木霁弘主编的《普洱茶》(北京出版社，2004.7 出版)，另外一本是叶羽晴川的《普洱茶探源》(中国轻工业出版社，2004.6 出版)，两本书引用邓时海教授《普洱茶》一书的文图，只是图版照片品质很差，也没有经过作者同意。

至于邓时海教授书中未收录的号字级、印字级老茶，因为有些是后期仿做的茶品，以及边境茶品，所以虽然仍然能够挖到宝，但是风险不小，除非有经验老道的行家陪伴，否则一般消费者大约也不敢随意出手。其实老茶有一定的风格，品相相对不凡，不是一般做茶手仿得来的。比较麻烦的可能是仓储的问题。过度受潮的茶相对灰暗没有光泽，条索间偶有虫吐白丝，饼身边缘常有松脱现象，有些还留有虫的粪便，甚至有绿色、黄色霉斑，如果有包装纸残破，汤色偏深，或饮之水薄味淡，遇到这些情况的茶品，就要特别注意了。

宋聘红印宜谨慎

所有号字级老茶中，比较难处理的是宋聘号。因为宋聘号生产茶叶的年代比较长，茶庄又分设在不同地方，加上后期有拿无纸印级茶来充数，又有人仿做，所以须要谨慎些。优质的蓝字小内票与红字小内票的乾利贞宋聘号，有人称为「茶后」，以相对于福元昌号「茶王」，其品质可见一斑。

在印字级茶中，最难分辨的，要算是红印圆茶了。主要的问题在于许多红印圆茶被喝掉之后，留下的包装纸却包上了绿印圆茶或是无包装纸的印级圆茶，以此充当红印圆茶来卖，转眼间身价就翻了将近一倍，这种情形已经到了一张包装纸都可以叫价港币数千元了，购买时就更不能不谨慎。鉴定红印圆茶，如果是原筒未拆，或是原包装纸未动，那么依赖筒包与饼外包，按图索骥不难辨识；如果已经拆开过，那么从饼身来看，面茶嫩尖铺面量较少，饼身不致过于扁平，内飞多数埋在中央深处。此外少数红印圆茶有过度受潮的现象，也必须留意，因此实际的品饮，依旧是不二法门。

如何挑选七子级普洱茶

七子饼茶先试喝

如果要购买七子饼茶，那么或许就是一门比较复杂的学问了，主要在于从外观上不易辨识、品质不一，而且许多茶品年份的认定也还有些争议。本文接下来就从包装纸、支飞、内票、内飞、拼配、仓储、汤色等多方面，做比较深入的讨论，希望能对实际选购茶品有些助益。

内票

茶饼正面埋内飞

首先还是必须强调笔者一贯的主张，茶是以品饮来论定的，所以亲自试喝，而且最好在不同条件下多试喝几次，绝对是选茶的不二法门。那些最优质的早年七子饼茶，虽然在外包装纸等其他信息中，可以约略地被判断出来，但是如果没有经过试喝这一道程序，一切依旧只是推论，不能当成定论。

那么今天普遍被用来认定为优质的标准，又是什么呢？这主要大约包含两个方面，其一是经验与推论：经由曾经喝过号级茶、印级茶的感受，推论当下品饮的七子饼茶，是否在若干年的陈化后，会有类似的品质，如果「有机会」，那就可能是「好茶」。其二是个人主观的品饮感受，身体在接受茶汤后所给予的响应，如果对味了，那就是好茶，这本来是没什么好论述的，但是根据笔者的非正式统计，其实不同人的响应感受，并没有那么大的差距。这两年普洱茶的神秘面纱，大约已经被解开得差不多了，所以这类优质七子饼茶品，大约也已经形成共通的形容词词汇：汤色酒红清澈、入口浓酽滑顺、香气甘甜搏舌、饮后回韵持久。不过，这类年份够的好茶，绝对是少数，也必须付出相对的代价。

以铁丝捆绑的整筒七子饼

拆封整箱七子饼

整筒的“认真配方”黄印七子饼用各色绳子捆绑　资料提供　唐美玲

接着我们来看七子饼的包装。一般而言，勐海茶厂的七子饼茶每饼埋有内飞，上印「八中茶」图样，下两行字写「西双版纳傣族自治州勐海茶厂出品」。每饼附上一张内票，上有中英对照文，基本上内

支（一支一支的饼茶）资料提供　思茅古普洱茶业公司

用麻绳捆绑的整筒七子饼

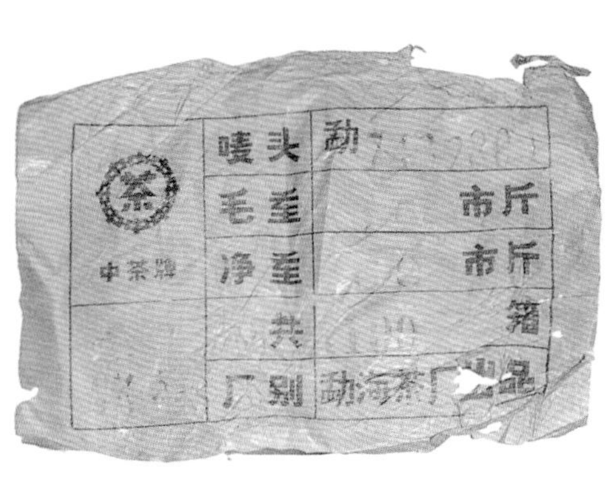

支飞（横式）

支飞（直式）资料提供 唐美玲

票有大、小两种形式，与年代无必然对应关系。七子饼一饼 357 克，每饼有外包装纸，每七片用竹叶或纸袋装成一筒，外以麻绳、铁丝、各色绳带等方式捆绑，每十二筒装成一篮，称为一支，附支飞一张，支飞上有茶号、每支净重 30 公斤（60 市斤）等字样。亦有夹板箱者，是省茶叶公司因应出口而重新包装，大约使用到 1993 年左右。支飞有直式与横式两种，直式支飞为省茶叶公司出口前所加入，年代未必较早，有些茶号只是一个生产批号，并不具有明确意义，例如 7472-7；至于横式支飞则由勐海茶厂包装，装于竹篮内。

七子餅的外包装纸

外包

由于一般消费者多以购买单片茶饼为主，我们就从茶饼的外包装纸开始谈起。

如果一饼茶的包装纸没有被拆封过，那么从印刷字体上入手不失为一种识别的方法，我们举出四种识别方式：雨勾、茶点、大小口中、中茶字。套句顺口溜，就成了：

「五种雨勾显年份、茶点形状也不同、大小口中分先后、盖印中茶黄绿橙」

所谓的「雨勾」，指的是包装纸上方左边第一个「雨」字右方那一勾。勐海茶厂七子饼茶的外包装纸，雨勾可以概分成五类，大约有时间先后的关系。但在这里需先特别强调，这里的时间先后指的是包装纸的本身，如果要依此判断茶品的年份，除了包装纸未被拆封之外，还需辅以其它鉴别方式。

图　示	说　明
	**一、雨勾与里面的第二点相连接** 根据目前资料，黄印七子饼家族、早期 7572 青饼、大蓝印七子饼、大黄印七子饼、红带七子饼都是这种勾，而且内飞都是「细字尖出美术字」。其中最晚的茶饼资料为 1985 年出口的 7542-73 青饼，内飞略有不同（或称「西双版纳美术字飞」）。

	二、雨勾转折处棱角明显些 根据目前的资料,7532- 雪印青饼、早期的 8582 青饼(约 1985 年)是这种勾,南天公司在 1988 年订制的 8592- 紫天熟饼还是这种勾。多数有茶号的七子饼都使用过这种字体的包装纸。经常搭配「粗体美术字」内飞同时出现,但也有「平出」内飞者。
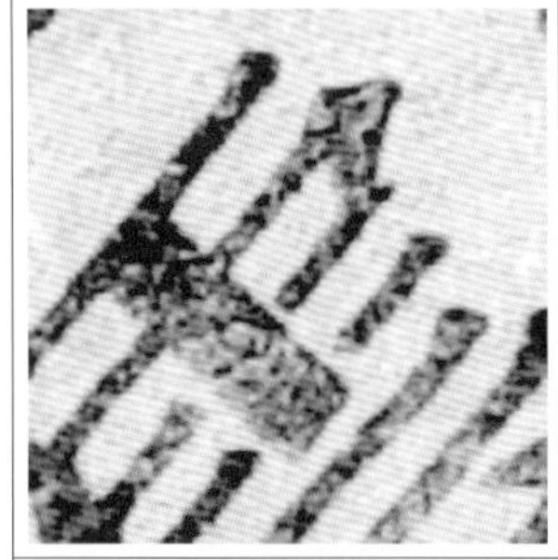	三、雨勾只连到第一点 在台湾市面上,以这类勾为包装纸的七子饼数量最多。多数茶号的七子饼都使用过这种包装纸。1988 年与 1992 年的商检 8582 青饼都使用这种字体的包装纸,但不排除沿用到 90 年代中期。通常搭配「平出」内飞。
	四、雨勾虽然画到第二点位置,但略成尖细圆弧状 第四类雨勾的茶品数量较少,1993 年的(后期)黄印 7542 七子饼使用这种字体的包装纸。后面的橙印 8582 青饼亦同。由于这类包装纸字体为「大口中」,所以常被误为早期的七子饼,也有茶行刻意吹嘘年份,需要特别留意。内飞「平出」。
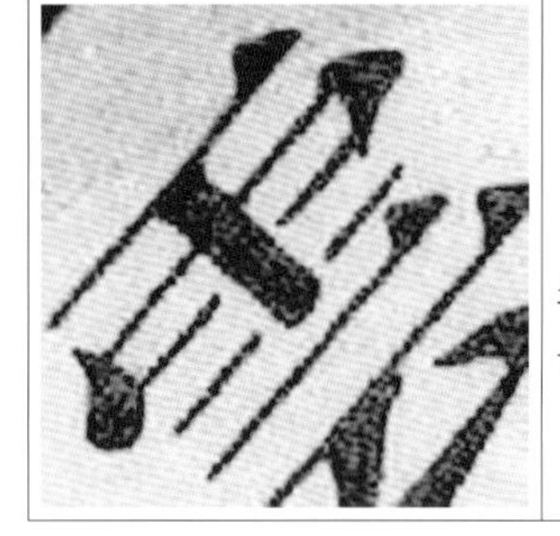	五、印刷明体字的雨勾 根据目前的资料,1995 年的 7542 七子饼、1996 年出品的 7532- 橙印七子饼,包装纸字体是这种勾,而且一直沿用到 2000 年以后的七子饼,各种茶号的茶品都有。市场上这类七子饼的数量也不少。后期的内飞出现「简体字」,且颜色多样化。

至于「茶点」,指的是包装纸上方右边最后一个「茶」字,右下方最后的一点。早期的七子饼呈水滴状,之后的包装纸逐渐出现棱角,接近狭长三角形了,但是上一段第四类雨勾,还曾出现过水滴状茶点,需特别注意,请参看图标。

图 示	说 明
	一、水滴状茶点 根据目前资料,黄印七子饼家族、早期 7572 青饼、大蓝印七子饼、大黄印七子饼、红带七子饼都是这种点,而且内飞都是「细字尖出美术字」。与第一类雨勾是相呼应的。

	**二、圆棱角茶点** 根据目前的资料，7532- 雪印青饼、早期的 8582 青饼（约 1985 年）是这种点，南天公司在 1988 年订制的 8592- 紫天熟饼还是这种点。多数有茶号的七子饼都使用过这种字体的包装纸。与第二类雨勾相呼应。
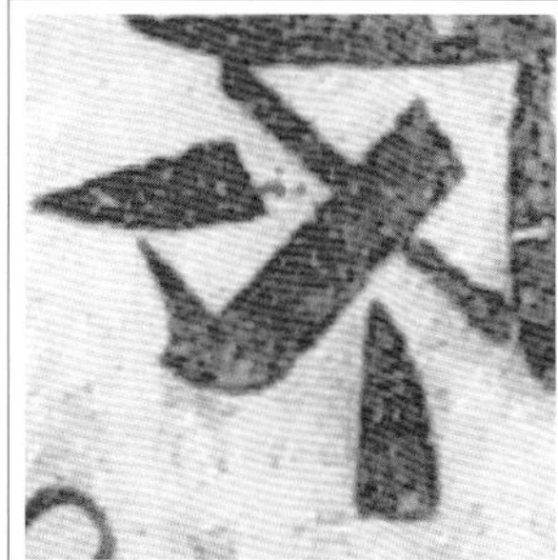	**三、方棱角茶点** 多数茶号的七子饼都使用过这种包装纸。1988 年与 1992 年的商检 8582 青饼都使用这种字体的包装纸，但不排除沿用到 90 年代中期。通常搭配「平出」内飞。与第三类雨勾相呼应。
	**四、后期水滴状茶点** 1993 年的（后期）黄印 7542 七子饼使用这种字体的包装纸。后面的橙印 8582 青饼亦同。由于这类包装纸字体为「大口中」，所以常被误为早期的七子饼，需要特别留意。与第四类雨勾相呼应。
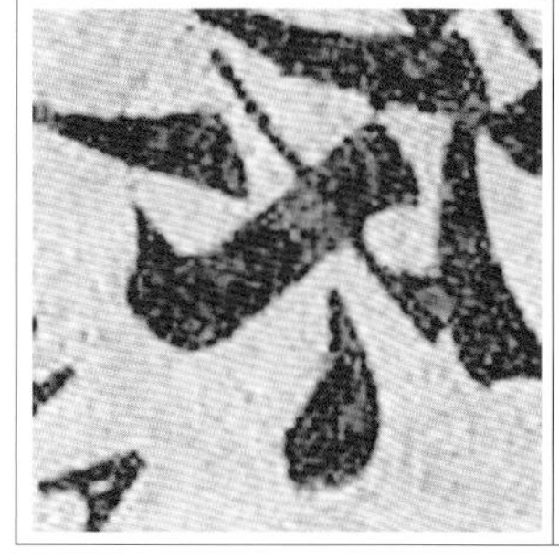	**五、印刷明体茶点** 根据目前的资料，1995 年的 7542 七子饼、1996 年出品的 7532- 橙印七子饼，包装纸字体是这种勾，而且一直沿用到 2000 年以后的七子饼，各种茶号的茶品都有。市场上这类七子饼的数量也不少。与第五类雨勾相呼应。

所谓「**大口中**」，指包装纸下方左侧第一个「**中**」字，「**口**」的宽度特别大，如图所示，因此被称做大口中。这也是最早被茶行与茶人拿来识别茶品的标准之一，早些年有的茶行甚至还用「**大口中**」来替茶品命名。大口中包装纸的七子饼出厂年份较早，仿品也就多。

图 示	说 明
	一、大口中 根据目前资料，黄印七子饼家族、早期 7572 青饼、大蓝印七子饼、大黄印七子饼、红带七子饼都是这种大口中，而且内飞都是「细字尖出美术字」。与第一类雨勾、第一类茶点相呼应。

	**二、小口中** 一般七子饼的包装以小口中居多，多数茶号的七子饼都见得到这种包装纸。如果遇到包装纸为小口中的七子饼，大约都必须借其它的识别资料来辅助鉴别。例如从雨勾就可以再分出两类（第二、三类）。
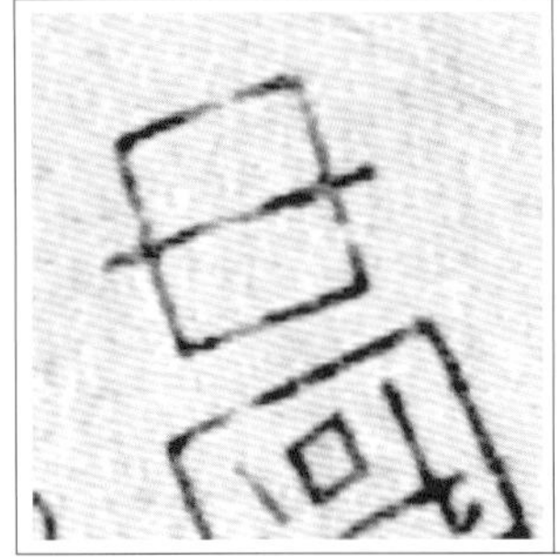	**三、后期大口中** 1993年的（后期）黄印7542七子饼使用这种字体的包装纸。后面的橙印8582青饼亦同。由于常被误为早期的七子饼，需要特别留意。与第四类雨勾、第四类茶点相呼应。

至于中茶字，指的是包装纸中央的茶字，除了颜色、字体大小的区隔外，还分成手工盖印与印刷字体两类。

图　示	说　明
	一、手工盖印小字绿印 据香港的茶商所言，1974年就有这种包装纸的黄印家族七子饼到香港了，与中后期的七子饼比较，茶字比较小一些。目前所知，包含部分黄印家族系列、早期的大口中7572七子饼、认真配方七子饼、大蓝印七子饼都是这种字体，有些包装纸中茶字颜色略深些，有些则接近苹果绿色了。
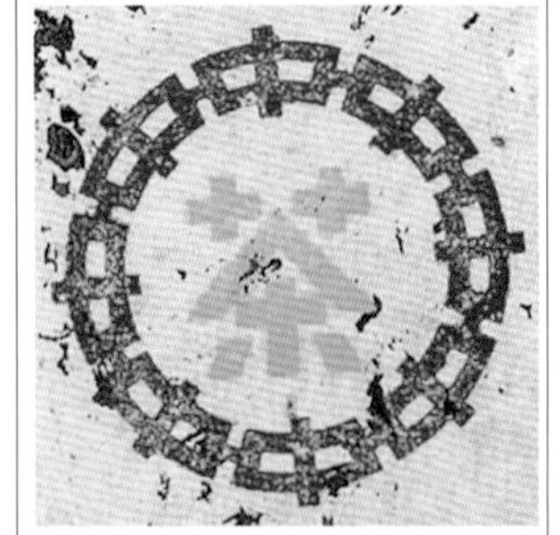	**二、手工盖印苹果绿印** 这种绿印只出现在被归为黄印家族的七子饼中，而且不同饼的包装纸墨色也可能略有不同。至于为何茶字会显出苹果绿色？有人说是油墨褪色，有人说是油墨调成这种颜色，但无论如何，因为色彩特殊，而且油墨很浓，所以不容易仿制。
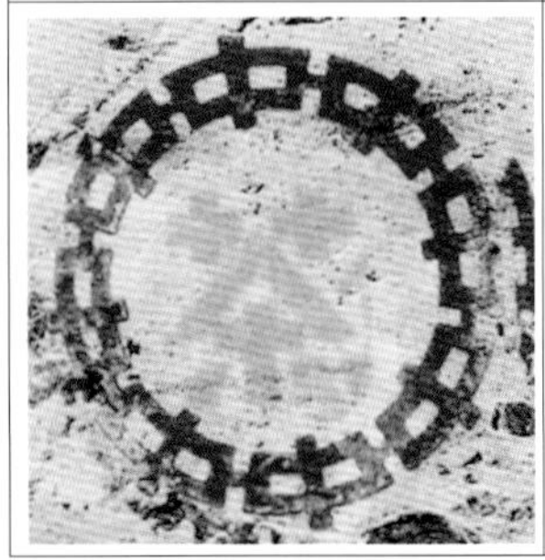	**三、手工盖印黄印** 目前有两种七子饼，包装纸中央的茶字是这样黄色手工盖印字体，分别是小黄印七子饼与大黄印七子饼。其中大黄印七子饼因为饼身较大、重量较重，包装纸张还有红色印版的墨痕。这种颜色的茶字，大约因为部分油墨稍微褪色，略显不清楚，但油墨吸入纸张中，有些茶品甚至透到内票、内飞上面，因此不难与后期的黄印七子饼区隔。

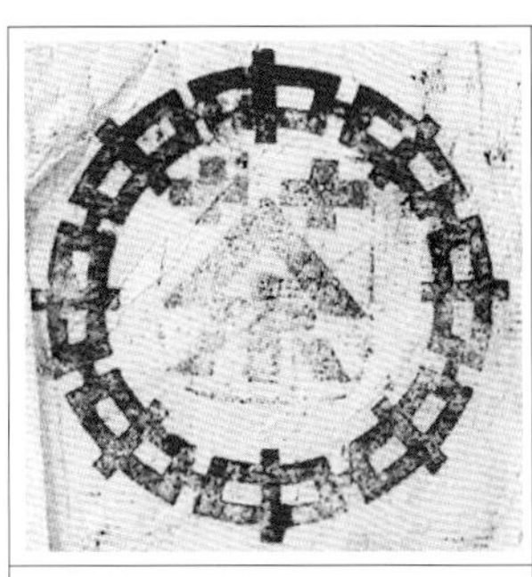	**四、手工盖印绿印** 因为手工盖印的关系，每个茶字的位置不太一样，而且有些包装纸，周围方框形印版的痕迹明显。目前所知，7542-73 青饼、红带七子饼的包装纸属于这类。通常包装纸伴随着大口中。与之后的手工盖印绿印比较，颜色偏淡、偏浅些，而且墨色较不均匀。
	**五、手工盖印水蓝印** 手工盖印水蓝印的包装纸，只出现在水蓝印七子饼上，与其它种类七子饼包装纸比较，颜色明显偏水蓝，这也是水蓝印七子饼命名的由来。由于油墨属于水性，遇水会溶解，因此也成为测试检验的方式。
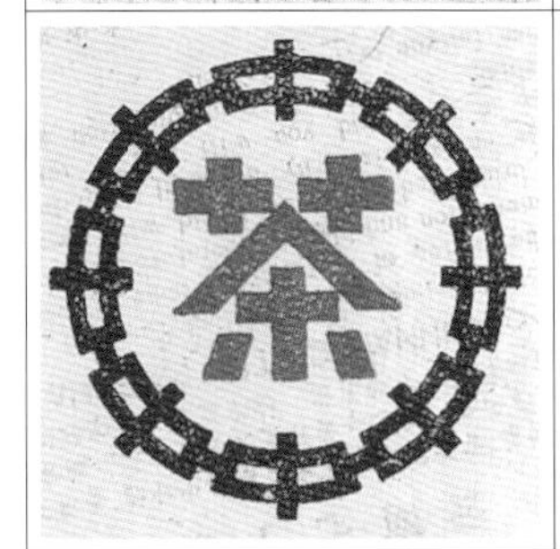	**六、手工盖印深绿印** 这类的包装纸，有的会因为时间与仓储等外在环境的影响，颜色变浅一些。大部分有茶号的七子饼，都使用过这类包装纸，例如 7532- 雪印、7432、7542、7572、7452、8582、8592 等。其中数量多集中在 20 世纪 80 年代中期、后期，最迟大约不会晚于 20 世纪 90 年代初期。这类包装纸都是小口中，以及第二、第三类雨点。
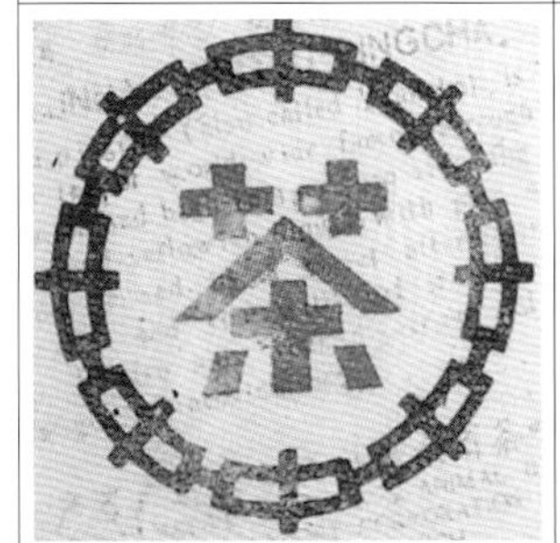	**七、印刷字体浅绿印** 与上一类中茶字比较，颜色明显偏浅绿，而且油墨均匀，字体轮廓一致，显然印刷技术又有了进步。目前见到的茶品中，大部分有茶号的七子饼，也都使用过这类包装纸。在年份上，比上一类包装纸出现年代稍晚，大约在 90 年代初期。由于存茶观念开始改变，这类七子饼中还有一定数量的茶品属于「纯干仓」，不妨尝试寻找看看。
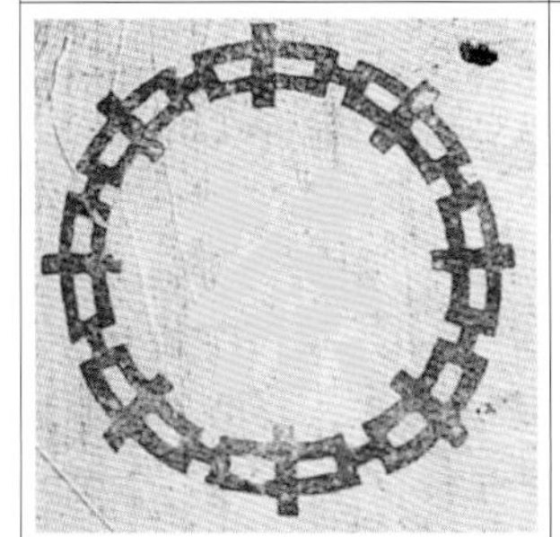	**八、手工盖印后期黄印** 目前见到的后期黄印 7542 七子饼，使用这类的包装纸，除了纸质与早期的黄印家族七子饼不同之外，中央茶字的黄色偏粉亮，而且感觉上油墨浮在纸面上，仔细辨识，不难区分。搭配的内飞属于「平出」。
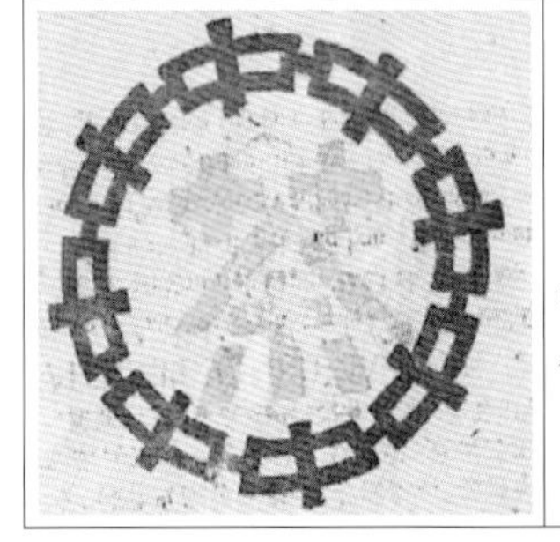	**九、手工盖印橙印** 目前见到的橙印茶字有三种：7532、7542、8582，其中橙印 8582 搭配第四类雨勾与茶点，橙印 7532、7542 则搭配第五类印刷明体的雨勾与茶点。橙印系列最早出现在 90 年代中期，后续延伸到 2000 年前后都还有茶品。

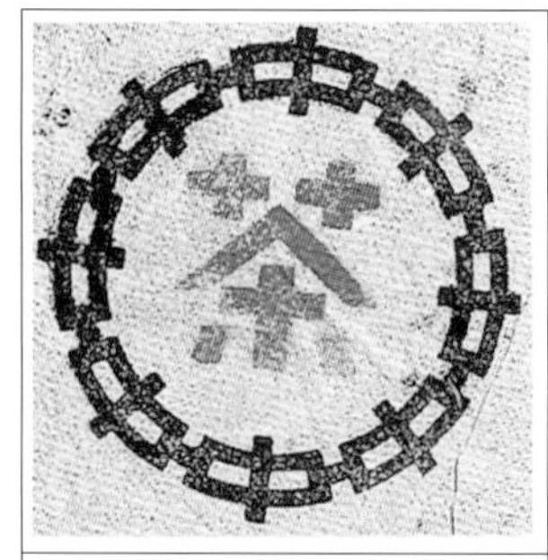

十、例外的手工盖印小字绿印

一般来说，手工盖印小绿茶字的包装纸多出现在黄印家族系列的七子饼中。但是图中这张包装纸，里面装的却是1990年前后的7542青饼，而且没有内票、内飞。颜色的差异，推测可能是油墨褪色的关系。这张包装纸纤维呈十字网纹，再从其它资料来判断，比较接近上述第五或第六类中茶字的包装纸。

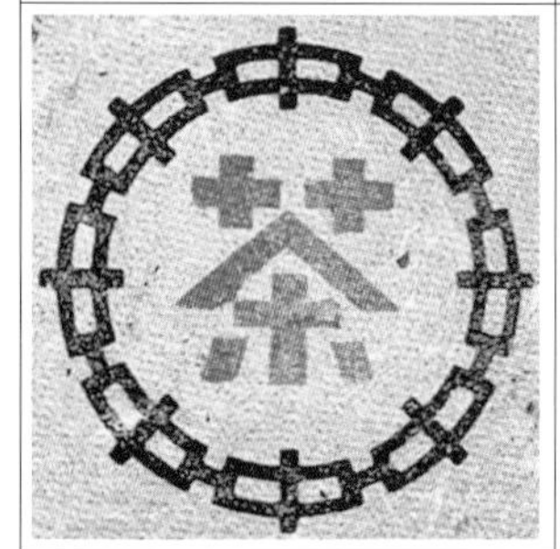

十一、例外的水蓝印

这张包装纸与上面「例外的手工盖印小字绿印」包装纸，出现在同一筒茶内，纸质纤维也相同，但是颜色却很特殊，反倒接近水蓝印七子饼了。虽然从品饮与茶饼来观察，应该是勐海茶厂的茶品，但是因为没有内票、内飞等任何证明资料，而且原筒有拆过的痕迹，所以真相待考。

七子饼的内票

勐海茶厂的七子饼，拆开包装纸后，一般都附有一张内票，少部分茶品的内票，具有特殊的差异可以识别，但是大部分的七子饼茶，内票并没有太大的鉴别性，或是说还没有被特别整理出有规律的鉴别方式。

云南七子饼茶

云南"七子饼茶"亦称圆茶，系选用驰名中外的"普洱茶"作原料，适度发酵，经高温蒸压而成，汤色红黄鲜亮，香气纯高，滋味醇厚，具有回甘之特点。饮之清凉解渴，帮助消化，祛除疲劳，提神醒酒。

YUNNAN CHITSU PINGCHA

Yunnan Chitsu pingcha (also called Yuancha) is manufactured from Puerhcha, a tea of world-wide, fame, through a process of optimum fermentation and high-temperature steaming and pressing. It affords a bright red-yellowish liquid with pure aroma and fine taste, and is characterised by a sweet after-taste all its own Drink a cup of this, and you will find it very refreshing and thirst-quenching. It also aids your digestion and quickens your recovery from fatigue or intoxication

中国土产畜产进出口公司云南省茶叶分公司
CHINA NATIONAL NATIVE PRODUCE & ANIMAL BY-PRODUCTS
IMPORT & EXPORT CORPORATION
YUNNAN TEA BRANCH

云南七子饼茶

云南"七子饼茶"亦称圆茶，系选用驰名中外的"普洱茶"作原料，适度发酵，经高温高压而成，汤色红黄鲜亮，香气纯高，滋味醇厚，具有回甘之特点，饮之清凉解渴，帮助消化，祛除疲劳，提神醒酒。

YUNNAN CHITSU PINGCHA

Yunnan Chitsu pingcha (also called Yuancha) is manufactured from Puerhcha, a tea of world wide fame, through a process of optimum fermentation and high-temperature steaming and pressing It affords a bright red yellowish liquid with pure aroma and fine taste, and is characterised by a sweet after-taste all its own. Drink a cup of this, and you will find it very refreshing and thirst quenching. It also aids your digestion and quickens your recovery from fatigue or intoxication

中国土产畜产进出口公司云南省茶叶分公司
CHINA NATIONAL NATIVE PRODUCE & ANIMAL BY-PRODUCTS
IMPORT & EXPORT CORPORATION
YUNNAN TEA BRANCH

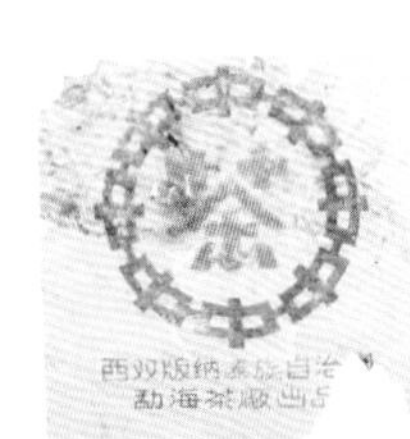

勐海茶厂的内飞与内票「左上为小票，右上为大票；下方内飞自左而右依序为西双版纳飞、西双版纳飞、粗体美术字飞，细字美术字飞（略粗）」

基本上七子饼的内票可以先分成两种形式：大票与小票，这里的大小是从尺寸来区分的，大票约15厘米×10.5厘米，小票约13厘米×10厘米。大票的使用期间比较难区格，但是从其它相关信息综合来判断，小票出现的时间大约在20世纪80年代中期到20世纪90年代初期这段时间。小票的英文说明文字部分，文法与标点符号的使用有些错误，不难识别。

有两款七子饼茶品，可以直接从内票识别。第一种是「认真配方」黄印七子饼茶，因为这款茶品的命名，就是内票的内文部分多出了「认真配方」四个字。第二种则是红带七子饼，因为内文使用明体字，与一般内票内文使用的楷体字不同。

不过这里还是要再次强调，茶的好坏还是要喝了才算，以内票来识别茶品，依旧只是辅助的方式，而且茶品外包装纸必须未拆封过，如果经过拆封，那么这个参考依据也就产生了变数。

云南七子饼茶

云南"七子饼茶"亦称圆茶，系选用驰名中外的"普洱茶"作原料，适度发酵，经高温蒸压而成，汤色红黄鲜亮，香气纯高，滋味醇厚，具有回甘之特点，饮之清凉解渴，帮助消化，祛除疲劳，提神醒酒。

YUNNAN CHITSU PINGCHA

Yunnan Chitsu pingcha (also called Yuancha) is manufactured from Puerhcha, a tea of world-wide fame, through a process of optimum fermentation and high-temperature steaming and pressing. It affords a bright red-yellowish liquid with pure aroma and fine taste, and is characterised by a sweet after-taste all its own. Drink a cup of this, and you will find it very refreshing and thirst-quenching. It also aids your digestion and quickens your recovery from fatigue or intoxication.

中国土产畜产进出口公司云南省茶叶分公司
CHINA NATIONAL NATIVE PRODUCE & ANIMAL BY-PRODUCTS
IMPORT & EXPORT CORPORATION
YUNNAN TEA BRANCH

大票

云南七子饼茶

云南"七子饼茶"亦称圆茶，系选用驰名中外的"普洱茶"作原料，认真配方，适度发酵，并经高温蒸压而成，汤色红黄鲜亮，香气纯高，滋味醇厚，具有回甘之特点，饮之提神醒酒，祛除疲劳，帮助消化，清凉解渴。

YUNNAN CHITSU PINGCHA

Yunnan Chitsu Pingcha (also called Yuancha) is manufactured from Puerhcha, a tea of world-wide fame, according to a conscientious prescription through a process of optimum fermentation and high-temperature steaming and pressing. It affords a bright red-yellowish liquid with pure aroma and fine taste, and is characterised by a sweet after-taste all its own. Drink a cup of this, and you will find it very refreshing and thirst-quenching. It also aids your digestion and quickens your recovery from fatigue or intoxication.

中国土产畜产进出口公司云南省茶叶分公司
CHINA NATIONAL NATIVE PRODUCE & ANIMAL BY-PRODUCTS
IMPORT & EXPORT CORPORATION
YUNNAN TEA BRANCH

认真配方

云南七子饼茶

云南"七子饼茶"亦称圆茶，系选用驰名中外的"普洱茶"作原料，适度发酵，经高温蒸压而成，汤色红黄鲜亮，香气纯高，滋味醇厚，具有回甘之特点，饮之清凉解渴，帮助消化，祛除疲劳，提神醒酒。

YUNNAN CHITSU PINGCHA

Yunnan Chitsu pingcha (also called Yuancha) is manufactured from Puerhcha, a tea of world-wide fame, through a process of optimum fermentation and high-temperature steaming and pressing. It affords a bright red-yellowish liquid with pure aroma and fine taste, and is characterised by a sweet after-taste all its own. Drink a cup of this, and you will find it very refreshing and thirst-quenching. It also aids your digestion and quickens your recovery from fatigue or intoxication.

中国土产畜产进出口公司云南省茶叶分公司
CHINA NATIONAL NATIVE PRODUCE & ANIMAL BY PRODUCTS
IMPORT & EXPORT CORPORATION
YUNNAN TEA BRANCH

小票

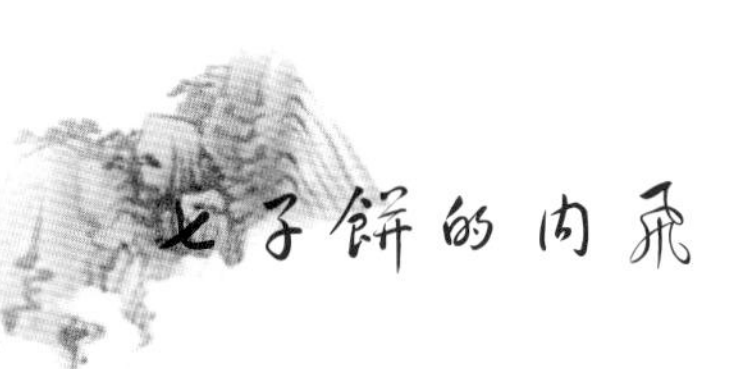

七子餅的內飛

内飞的鉴别性要高于内票，主要在于勐海茶厂七子饼的内飞是埋在茶饼中央的，不容易造假。茶品如果还没有试喝，通常决定试喝与否的条件，除了茶饼本身，就是内飞了，有经验的行家可以透过内飞区分出许多不同的茶品。

内飞可以透过下方两行文字「西双版纳傣族自治州勐海茶厂出品」字体的变化，乃至于纸质的不同、油墨的差异而识别。不过一般最直接的识别还是字体的变化，通过字体的变化，已经可以做出大类的区分了。接着，我们就交给图来说话吧！

图　示	说　明
西双版纳傣族自治州 勐海茶厰出品	**一、美术字内飞（细字）** 这种内飞也有人称为「细字尖出美术字内飞」，所谓「细字尖出」，指的是内飞字体比较细，下方两行字中的「出」字，呈现下凵包上凵的结构，如图所示。因为识别容易，常被茶行拿来当做识别的方法。根据香港茶商的说法，1974 年到港的黄印七子饼，就是这种内飞。这种内飞还在早期 7572 七子饼、大蓝印七子饼、大黄印七子饼、黄印沱茶等茶品中出现，但纸质不同。图例为早期 7572 的内飞。
 西双版纳傣族自治州 勐海茶厰出品	**二、美术字内飞（略粗）** 与第一类内飞的字体比较，这类尖出美术字内飞的字体笔画较粗，而且稍显模糊，但是字体和第一类是一致的，可能是印刷的油墨或是技术上有些差异，才造成这种现象。部分早期 7572 七子饼上曾见过这种内飞，然而最大宗出现的，还是省茶司定茶号 7452 的一批茶品。

三、西双版纳内飞

这种内飞除了尺寸上较接近方形外，有时候会与第一类内飞混淆。仔细分别两者的差异，可以发现除了「出」字的写法不同外，州字最左边的一点，点的方向也不一样。此外虽然两者的纸质纹路都呈斜十字网纹，但是西双版纳内飞的纸质较薄、较脆弱。目前所知7542-73青饼中，一部分使用了这种内飞。

四、粗体美术字内飞

也有人称这种内飞为「变体美术字内飞」，除了字体笔画较粗外，州字的三点与三竖交错、茶字中人为平头、间出的上山偏左等都是识别的方法，由于字体特殊，加上油墨显得特别饱满亮丽，并不难区别。目前有少部分的7542-73青饼是这种内飞，早期的8582中有小部分也是这种飞，此外，水蓝印七子饼的内飞也属于这种。

五、颜料红平出内飞

一般从内飞识别茶品的人，最常看的字就是「出」，如图所示，这种内飞的出字上下的「山」已经一样宽了，我们称这类的内飞为「平出内飞」。勐海茶厂的七子饼，数量上属于平出的内飞最多。如果从字体与颜色来区隔，至少还可以再区分成两类：颜料红、朱砂红。依目前的资料，平出的内飞最早出现在8582七子饼上，大部分茶号的七子饼都曾见到平出内飞。

六、朱砂红平出内飞

与第五类的平出内飞比较，这类内飞的八中图与文字，使用的颜料比较亮橙些，接近朱砂的红。此外，州字的中央与右侧的点是斜的，大家也可以通过比较看出。大部分茶号的七子饼也都曾见到朱砂红的平出内飞，7542-88青饼的内飞也是这种。这种内飞至迟约到90年代中期还使用。

七、简体字内飞

90年代中期以后，勐海茶厂的内飞似乎呈现多样化，比较不容易归类了，下面我们随机选了三种内飞，作为参考。

七子餅的餅身

饼茶的饼身，形状随着压模的模具而有不同，厚度也随着压模的重量与蒸压等工序上的变化而改变，从饼身上面，我们也可以读出许多信息。

最容易鉴别的信息是饼身大小，例如「大黄印七子饼」与「小黄印七子饼」的命名，主要就是依据饼身大小来说的，前者标准重量375克，后者标准重量357克。除了大黄印七子饼之外，大蓝印七子饼的重量与大黄印七子饼一样是375克，这个重量与较大的饼身，也就成了目视时，区隔大蓝印七子饼和早期7572七子饼的主要方式之一了。还有一款8582七子饼的饼身，因为比较大，也常被拿来与其它的8582七子饼区隔。这款8582七子饼虽然饼身较大，但是重量还是357公克，所以厚度上，特别是边缘的厚度明显偏薄。如图所示，同样的七子饼，因为饼身大小不同，筒包也就有明显差别。

勐海茶厂七子饼的泥鳅边（2003银大易七子饼）

资料提供 郭诘莨

根据勐海茶厂老茶人的说法，饼身重量较重的七子饼，是南天公司的订制品，由于南天公司从1985年开始办茶，这个说法直接影响了大蓝印七子饼与大黄印七子饼的年份判断。我们从市面上的茶品来归纳，可以发现南天公司办的茶品中，橙印七子饼系列的茶品，重量的确比较重，但那是90年代中期的事情，会不会老茶人记忆中的茶品，是这些橙印系列的七子饼呢？由于十年的记忆已属遥远，而且在当年的时空历史背景下，硬要老茶人完整精准地记忆，实属苛求，所以对于这两款茶品的真实年份，或许要等到更进一步资料的出炉来佐证了。

以现代机器饼模压制的饼茶

七子饼的形状是在蒸压成型的时候决定的，压制前毛茶要装袋蒸软，勐海茶厂的七子饼制作，压制的模具并不控制饼身侧边的形状，所以饼身边缘的形状是压制时，毛茶的向外挤压力，与撑开装袋的反作用力共同决定的，由于施力与受力未必均匀，也就造成饼茶边缘的不规则形状了，勐海茶厂称这种不规则形状的边缘为「泥鳅边」。内行的茶人甚至可以透过泥鳅边的形状，就能初步识别茶品是否是勐海茶厂出品的了。对于一般人而言，可以拿某些机器压制的新茶饼，或是广东茶厂压制的茶饼来比较，不难区隔彼此的差异。（如图所示）由于「泥鳅边」已经变成一种识别特征，所以如果见到饼茶茶身呈正圆形，或是从侧面观察发现厚度很均匀时，就要注意是不是仿品了。

广东茶厂压制的饼茶，形状特殊

下关茶厂以铁饼模具压制的饼茶

资料提供 郭诘莨

以复古石模压制的饼茶

资料提供 陈怀远

七子餅的拼配

所谓拼配，大约是指一饼茶的面茶、里茶、底茶、梭边等，使用了两种以上的茶区、季节、品种、级别或档次的毛茶。由于手法过于多元，远不如定义单一茶青的饼茶来得容易，所以这样说吧：使用单一茶区、品种、同时段采收的单一级数茶青压制成饼的茶品，谓之单一茶青饼茶，除此之外，大约都经过拼配了。依此标准，大部分的七子饼都经过拼配。

普洱茶茶品需经过拼配，并不是新鲜事，檀萃 1799 年所写的《滇海虞衡志》就提到改造茶：「其入商贩之手。而外细内粗者。」翻成白话文，就是商人制作普洱团饼时，选用的毛茶级次外细内粗。既然外细内粗，自然经过拼配。

我们也不能因为茶品经过拼配，就认定它一定是不好的茶。有时候制茶师傅为了追求某种特殊的口感，或是希望口感能够多样化，茶厂在蒸压时会刻意去拼配，而且还成独家秘方。

不过因为七子饼大多经过拼配，而且在计划经济的时代，毛茶有时候需要视当年产销的需求互相调配，滇西用滇南的茶青，滇南用滇西的茶青，时有所闻。所以如果有人宣称能够透过品饮喝出一款七子饼饼茶是属于哪个茶区云云，也许我们心中就要打个问号了。

拼配的另外一个面向，是看一饼茶所使用的毛茶级数，依此替茶品分类。1975 年开始，勐海茶厂就替茶品订定了茶号，1976 年经过会议追认，确认了四码的茶号，前两码数字是该茶品首批生产的公元年份后两个字，第三码数字是拼配的配方，第四码则是茶厂代号：1 为昆明茶厂，2 为勐海茶厂，3 为下关茶厂，4 为普洱茶厂。1978 年省茶叶公司正式行文通告使用这套规定，但是在执行上似乎没有很彻底，茶号的问题看来混乱依旧。

其实，单看勐海茶厂的横式支飞，茶号的使用并不复杂。一般而言，勐海茶厂的七子饼面茶都会用细毛茶铺面，所以有时候不容易看出差异，但是只要翻到背面，差异性就出来了。如果以晒青压制茶来说，7532 七子饼的底茶最细，几乎分不出是面茶还是底茶，8582 七子饼的底茶最粗，接近砖茶、紧茶的选料了，7542 则介于两者之间，因此也成了最大宗的商品货。同样的配方，如果毛茶经过渥堆，就有不同的茶号，依级次的粗细，分别是 7432、7572、8592。勐海茶厂七子饼的茶号，大约要到 90 年代中期以后才逐渐失去秩序，有些甚至只是某批货的批号了。

七子餅的仓储

在 80、90 年代的时空环境下，七子饼运到香港后，被放进比较潮湿的环境仓储，以加速茶叶的转化，是一件理所当然的事。今天大家普遍认知的干仓茶品，在当年几乎只是少数的遗珠品。干仓思想的兴起与被肯定，是 90 年代中期以后的事。

仓储良好的七子饼品相（1990 年前后的 7542 七子饼茶）

根据一般存茶经验，茶品制成后，如果一直存放在干燥的环境中，转化的速度很慢；反而如果在比较潮湿的环境中，转化的速度会加速许多，而且相同仓储时间比较，后者茶汤也比较醲酽顺口。只是仓储必须控制得宜，茶品在过度潮湿的环境中放置过久，不但茶质破坏，有的甚至发霉损坏。因此，购买纯干仓的茶，或是「湿仓」的茶，相当程度还是依赖个人的喜好，我们在这里介绍的，只是区隔两种茶的方式，以便购买时能有所依据。

从理论上说，干仓的茶品只有一种，就是出厂后到饮用前完全没有在高于相对湿度约 85%的环境里待过的茶品；除此之外，都应该被定义成「受过潮」，受过潮的茶品，不论是意外疏忽，或是人为刻意，都不应该再被说成纯干仓茶品。有些文章作者用字精准，将茶品自然陈放的变化称为「陈化」，人工加速变化则称为「转化」。

从实务上来看，有一些方式可以初步鉴定茶叶有没有经过人工加速转化，不过最终还是要依靠品饮来鉴定。以下我们就提出几个鉴别茶品仓储的方式。

受潮的茶品有几个现象：(如右图)

第一，条索容易因为受潮软化挤压而糊掉；

第二，表面失去光泽，甚至部分条索转成灰色；

第三，茶叶受潮会分泌茶汁出来，芽头因此会染色，染色的芽头色泽比较不自然，可以透过比较看出；

第四，饼身留有某种蛾幼虫吐的白色丝状物，部分茶商会仔细刷掉，但百密总有一疏；

第五，这种幼虫咬食茶叶后会留下蛀孔；

第六，茶叶表面会留有虫屎，由于茶饼侧面较松，所以虫屎留在侧面的机会最大；

第七，如果茶饼边缘被咬蚀，泥鳅边就会有脱落的情形；

稍微受潮的中茶牌繁体字七子饼

茶饼受潮软化条索挤压而糊掉

表面失去光泽，部分条索甚至转成灰色

芽头染成黄色

左下方有白色丝状物

少数储茶失败的例子

蠹鱼咬穿包装纸

茶饼左侧粘附虫屎

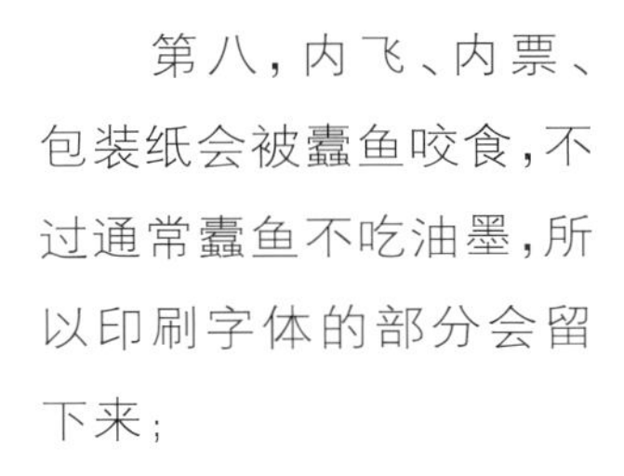

第八，内飞、内票、包装纸会被蠹鱼咬食，不过通常蠹鱼不吃油墨，所以印刷字体的部分会留下来；

蠹鱼

第九，有些包装纸会有被茶渍不规则而大面积染色的情形；

第十，剥开饼茶，中央部分出现绿色或黄色的霉斑。

七子饼茶的茶品如果没有受过潮，茶叶条索清晰、茶面油泽光亮，边缘松脱情形不严重，内飞无大片茶渍染色，包装纸完整。但是如果一片七子饼具备了上述条件，未必就一定没有受过潮，因为一些轻微受潮的茶品，依旧有上述的表现，这时就必须依靠汤色的判断，以及实际的品饮了。

干燥不完全的饼茶内部易生黄霉

七子餅的湯色

汤色除了看出茶品的仓储之外，也透露出茶品的年份，以及分辨晒青茶或是渥堆茶。

没有受过潮的晒青压制茶，刚出厂时茶汤呈现栗青色，经过一两年后，开始转成栗黄色，以后随着仓储年份的增加逐渐转深，约十年左右转成黄偏栗色，到了十五年左右已经转成栗色了，二十年以上的茶品转成栗红色，汤色酒红清澈。一个现象是值得观察的，那就是陈放四五十年的印字级普洱茶，茶汤依旧是栗红色，不会继续转深，这使得那些汤色偏向深栗色的茶品，似乎都要在某些地方被怀疑了，例如工序、仓储等。

印级茶冲泡五分钟的汤色

不过上述所指的茶汤颜色，并非一成不变的，因为随着仓储条件的差异，茶品转化的速度也跟着不同。根据笔者的观察，陈放在香港的茶品转化速度比较快，这大约与香港的环境比较温暖潮湿有关，但也容易疏忽而受潮。存放在昆明的茶品转化速度比较慢，这大约与昆明冬天气候过于干燥寒冷有关。台湾的气候不论在湿度与温度上，四季调节适宜，提供了茶品适度自然陈化的条件，也是存茶的好地方。因此同样的

茶品，因为仓储地点的差异，茶汤转化的情形也就不同。

晒青压制茶一但受过潮，即使是轻微地受潮，汤色转深的速度就加速许多，大约三年的茶品，汤色已经接近栗色了，到了十年左右，汤色就变成深栗色，甚至比四五十年以上的印字级普洱茶，茶汤还要深。这种转化又随着湿度的条件而不同，愈潮湿的环境转化的速度越快。

如果茶品经过渥堆，那么汤色就更深了，当然渥堆也有程度上的差异。茶品经过轻微的渥堆，出厂时汤色大约呈现栗色，随后开始转深；如果出厂前渥堆的程度比较重，或是渥堆茶又经过潮湿的环境仓储，那么汤色大约已经呈现深栗色，没有什么转化的空间了。

除此之外，一种接近黄茶制法的工序，以及毛茶如果存放两三年后再压制成饼，都有可能造成茶汤颜色转化速度变快。茶汤汤色的变化，造就了某些茶商以新充旧、以渥堆茶充晒青压制茶、以受潮新茶充干仓老茶，或是加入了不当的加工工序来改造茶叶的空间，这是选购时必须谨慎小心的。

七子餅的品飲

有人说，喝茶这件事是很主观的，喜爱喝的茶就是好茶，再贵的茶如果口感不对，那也是没有缘分。从某个角度来看，这样的说法并没有错，但是茶品的好坏认定，虽然有个别的差异，也有共通的标准，如果能够建立一些标准，在这个基础上再去寻找适合自己的茶，那么不但提升了对茶叶的认知，也建立了自己的品味，喝茶也就从生活必须的补充水分，提升到知识、文化的层面，不但丰富了生活的内涵，也层叠了生命的深度。

茶的好坏，一定要喝了才算，这是本书一再强调的观念，我们以下就尝试建立一些七子饼品饮时的共通标准，这是许多茶人长久经验的累积，并融入了笔者一些观点。

首先，不影响身体健康的茶才可能是好茶，如果茶叶农残量超过标准、化学肥料使用过度，或是茶饼发现绿霉、黄霉，这种茶不能买，更不能喝。大约 80 年代末到 90 年代初的某个期间，中国大陆对于 DDT、六六六等农药的管理并不是很严谨，所以有些私人茶园所产的茶，可能会有农残过量的问题，必须注意。至于绿霉或黄霉，依靠肉眼不难辨识。

其次，如果喝完茶之后，会有头晕、恶心、反胃、四肢发软等身体不适的情形，甚至肠胃不适，那么这款茶大约与您无缘吧！身体的反应是直接的，喝茶是为了让身体更舒适，不该让身体产生更多负担。但是因为每个人的体质与健康状况不同，对于相同的茶未必会有同样的反应，因此不能说这茶不好，只能说无缘。不过如果许多人喝过同一款茶，都产生了身体不适的现象，那么这款茶的品质就要被质疑了。

许多人担心，喝茶会造成精神亢奋，晚上喝茶会睡不着觉，所以不敢喝茶。茶性寒，过量的饮用的确会造成这种现象，但是普洱茶是后发酵茶，随着转化的程度，茶性也跟着由寒转暖，根据个人的经验，一般的陈年老普洱茶比较不会造成无法入睡的情形，但是新茶品，特别云南的茶树野性较强，如果发生这种情形，就要调整饮茶的习惯了。

茶汤入口后，舌齿口腔与身体的感受，是鉴定茶品的主要依据，老经验的茶人所归纳出来的八字箴言，必须牢记：「苦能转甘、涩要能化」。茶性苦，味觉主要在舌根，但是好的茶这种苦味会转化成甘。甘与甜不同，甘是苦味刺激口腔舌面后，口腔舌面反应分泌出来的物质，甜则是茶本身含有的糖分。新茶普遍涩，涩的感觉在舌面，是一种粗糙不适的感觉，好的茶在饮后不久涩就会化开，舌面的不适感跟着消失。一些年份够久的老普洱茶，不但饮用时没有涩的感觉，茶汤入口后又滑又顺，甚至融入舌面好似消失掉一般，这种茶品，已臻化境。

茶质好坏，也常被拿来做为判断的依据。茶叶内含物含量高的茶，通常茶质比较有机会强些，至少可以泡浓些。如果茶汤入口后，舌面的渗透性很强，茶叶溶解的物质与茶水融合得很好，而且耐泡程度也够，那么茶质应该是较强的。不过如果一泡茶虽然不耐泡，例如只到第五泡以后就淡掉了，但是第二、三泡的表现却很精彩，那么我们或许还是应该认定这泡茶的茶质不错，只是厚度不够。追求茶质的厚度，一部分原因是要等待茶品的后续转化，不过这应该是对新茶说的，购买直接饮用的老茶，或许茶汤的表现要比耐泡度重要。此外，茶叶经过渥堆，舌面的渗透性会消失，茶汤滑顺，但缺少变化。

茶品经过人为加湿的仓储，茶汤虽然变滑变顺，但相对会流失一些品质，茶汤的味道也会跟着改变，而且使得茶汤带些水味。不过这种鉴别，一定程度还要依赖经验，经验老道的茶人甚至还能区隔不同的仓储。经过这种仓储，茶汤中会带些仓味，有些仓味会随时间退掉，有些茶品就永久转化成某种特殊的仓储口感了。这类仓味不一定是不好的，但应该不能完全算是茶叶本身的天然气味了。

这两年被广泛讨论的晒青压制茶绿茶化的情形，似乎在某些七子级的沱茶上也有出现。绿茶要趁新鲜喝，晒青压制茶则要等待后续转化，如果将经过高温烘青、茶质已经朝绿茶化转变的茶叶，拿来等待后续陈化，可能不会有预期越陈越佳的结果。一些陈放十几年的沱茶就有这种现象，冲泡后茶汤转栗，但是水薄味淡，而且不耐泡，需要特别留意。

七子餅的叶底

冲泡过后留在壶中茶叶，我们称为叶底。讲究的茶人对于叶底也不放过，而叶底也的确透露了一些端倪，举凡渥堆与否、受潮与否、年份、级数等都可以从叶底看出部分信息。

一般晒青压制茶，叶底新鲜饱满有弹性，即使经过长久岁月的自然陈放，叶底已经从栗青色逐渐转变成深栗色，这种特性依旧不会消失；至于经过渥堆的茶叶，叶底呈现深栗色，而且缺乏弹性。只要取两类茶并置观察，就不难发现其中的差异。

仓储良好的晒青压制茶，刚出厂时的叶底呈现栗青色，两三年后转成栗黄色，十五年左右的茶呈现栗色，到了三十年以上，大约呈现栗红色，颜色继续转深的空间就有限了，不过转化的速度与仓储条件还是有关。此外如果茶叶一但受潮，叶底就会转成栗色，后续转深的速度也会加快，而且色泽均匀。

茶叶离开茶树后，就开始进入萎凋的程序，随着水分从茶叶叶面流失，叶脉的水分会先下降，转为黄色、红色，而后渐次延伸到叶面。这种现象，表现在晒青压制茶的叶底上，就造就了叶底色泽的局部不均匀。这种现象在采叶后直接杀青的绿茶上是不会见到的，烘青后的茶叶，叶底颜色偏绿，而且色泽比较一致。

叶底的枝条，也透露出一些信息，检视叶底中第一叶与第二叶之间的枝条，如果浑圆饱满，长度不要太长，那么品质应该是比较好的。一般我们所谓的边境茶，因为越南、泰国更接近赤道，气候比较炎热，茶叶生长的速度就比较快，内含物的密度就会减少，因此同样部位的枝条，一般而言比较长、比较细，而且经过蒸压后枝条会扁掉，形成凹槽。

七子级茶品录

昆明简体字七子铁饼

1961 年昆明茶厂的铁饼样茶(正面)

1961 年昆明茶厂的铁饼样茶(背面)

「七子」指的是多数,带着吉祥的象征意义,所以把七片圆茶置于一筒中,本身就带着传统中华文化浓郁的人情味。云南当地人向来把内销的茶称为圆茶,侨销的茶称为七子饼,所以在吉祥的象征意义之外,「七子」也是市场区别的专用术语。

那么，本书为何要将「昆明简体字七子铁饼」置于所有茶品介绍的最前端呢？因为根据目前的资料来看，最早在包装纸上正式使用了「七子」二字的饼茶，就是昆明茶厂的七子饼了。如图所示，这是前昆明茶厂普洱茶车间老师傅收藏的茶样，上面写着「七子饼、昆明茶厂、1961」等字，这片茶样可以说是目前可以见到的最早的七子饼茶实物了。作为结束「印字级」茶的年代，开启「七子级」的普洱茶，这片茶有历史断代的意义。

不过有茶样并不一定代表有生产；而且当年云南省茶叶公司的名称处于不断的变动中，一直到60年代末的名称才有「土产」的字样，因此目前一般而言，比较保守的说法，大约是60年代末期，昆明茶厂才开始正式压制七子饼茶。而依据勐海茶厂老茶人的记忆，印字级的圆茶一直到文革初期都还有生产，所以在断代上，「印字级圆茶」和「七子级饼茶」的生产,在1970年前后,应该还重叠了几年。

此外,根据老师傅的说法,早年压制的饼茶,没有包装纸,一直到后期才开始使用「中国土产畜产进出口公司云南省分公司」的包装纸,其中前面 11 个字用简体字，一直生产到文化大革命期间。因为依笔者的经验,目前市面上所见的这款茶都有「简体字」包装纸,而省茶叶公司正式更名为「中国土产畜产进出口公司云南省分公司」是在1972 年的 6 月，因此推论「昆明简体字七子铁饼」正式包装出口的年代,大约就是在文化大革命

1961 年昆明茶厂的铁饼样茶

1993 年出版的《云南省茶叶进出口公司志》第 160 页这样记载：「鉴于国际市场的需要，昆明茶厂于 1973 年试制大叶种普洱茶成功，乃在全省逐步扩大生产，开始自营进出口，当年调香港德信行七子饼茶 10.2 吨……1974 年在广州交易会上，成交出口港澳和新加坡七子饼茶 12.37 吨」，那么这些最早期的七子饼茶品，除了昆明简体字七子铁饼之外，还有哪些呢？我们在下文继续介绍。

的后期；即 70 年代中期左右。不过，不排除其中包含了在文化大革命期间已经压制好，但是无法出口的茶品。

至于「铁饼」二字，指使用金属模具压制的饼茶，以别于使用石模来压制的饼茶。但是这里要分清楚，昆明茶厂使用的金属模具，和「蓝印铁饼」使用的模具并不相同，从图中我们可以清楚比对，由王霞女士收藏的勐海茶厂金属模具，蒸气孔呈同心圆，至于昆明茶厂的铁饼模具（图引自邓时海著《普洱茶》繁体版 167 页），蒸气孔是直排平行的。

使用金属模具来压制饼茶，因为毛茶直接装在模具内，也就减少了解袋的工序。但是一般而言，运用机器压制，施加的压力比较大，使得饼身比较硬，太硬的饼身并不利于普洱茶的后续陈化，所以有些茶到了香港仓储时，就被增加湿度来加速陈化了。茶品受潮与否，对于品质改变很大，随个人喜好挑选。

勐海茶厂的铁饼模具　资料提供　王霞

中茶牌简体字七子饼

中茶牌简体字七子饼 （正面）

中茶牌简体字七子饼 （背面）

依照目前大多数人的推论，中茶牌简体字七子饼应该是下关茶厂压制的。但是一直到今天，由于市面上流通的「简体字七子饼」，连下关茶厂的职工也不能完全确定是不是自己压制的，因此到底简体字七子饼出于何处，还持续在讨论中。不过，最有可能应该还是由下关茶厂压制，理由如下：

根据 2001 年出版的《云南省下关厂志》第 18 页的记载：1972 年「经省茶叶公司批准，本年恢复了七子饼茶生产」；第 131 页：「七子饼茶是下关厂自中华人民共和国建立以后就生产的产品，后因原料调拨困难，1978 年省公司把计划下达给勐海茶厂加工」；第 172 页：「到 70 年代后期，茶厂又恢复圆茶加工，但数量不大」可知虽然资料的记载不是很一致，但可以确定，在 70 年代下关茶厂的确生产过七子饼，而目前市面上所流通的茶品中，除了中茶牌简体字七子饼茶之外，还找不到其它的茶品可以对应这个位置。

此外，根据勐海茶厂老茶人的说法，七子饼茶基本上是由勐海茶厂生产，但是因为利润不多，所以产量不大，而且除非没有达到当年省茶叶公司交办的数量，省茶叶公司才会委请下关茶厂补足。目前市面上流通的中茶牌简体字七子饼数量并不算大，而包装却有数种之多，可见有可能是在不同年份由下关茶厂分批生产的。

至于茶青的来源，根据《云南省下关厂志》第 83 页的记载，云南省的晒青毛茶，来自广大的滇西、

几种不同印刷的外包装

滇南各地:「1954 年 3 月,省公司下发《为简化茶叶原料品茗有关事项的通知》,将茶叶产地划分为六个区。1.顺宁区:包括昌宁、云县、顺宁、蒙化各地;2.缅宁区:包括勐库、双江、缅宁、镇康、耿马四地;3.景谷区:包括景东、景谷、江城、思茅、墨江、元江、镇沅等地;4.佛海区:包括西双版纳、镇越两地;5.文山区:包括文山专区;6.宜良区」,因此这些中茶牌简体字七子饼的茶青来源是无法辨识清楚的,不过多位资深的茶人从茶汤的口感来判断,都认为来自滇西的可能性比较大。

然而问题再回到最初,是不是所有的中茶牌简体字七子饼都是下关茶厂生产的呢?有没有可能勐海茶厂也曾经生产这类的饼茶?或是省茶叶公司曾委托其它茶厂压制,再包上「中茶牌」的包装纸呢?因为这款茶品饼没有任何明确的资料证明出处,目前可考的资料也还有一些疑点,所以似乎许多的想法都只能停留在推论的阶段了。

下关茶厂正门

中茶牌繁体字七子饼

80年代中期的中茶牌繁体字七子饼
资料提供 石昆牧

80年代中期的中茶牌繁体字七子饼 （正面）

80年代中期的中茶牌繁体字七子饼 （背面）

相对于「中茶牌简体字七子饼」来说，「中茶牌繁体字七子饼」的资料就清楚多了。我们从下关茶厂的资料、不规则出现的内票与内飞、茶号8653，以及可查的典故来看，可以明确知道这款茶品是从1985年开始，下关茶厂制造生产的，而且因为使用金属模具压制，饼身特别结实，也就得到了「铁饼」的称呼。

不过这里要理清的是，下关茶厂的「铁饼」，与昆明茶厂的蒸气孔金属模具不太一样，压制时先把毛茶装入布袋中，再以电动机械的力量进行压制，饼身的结实，应当与施加的压力较大有关。目前为了因应大量生产的需要，许多新的产品，也是使用金属模具的方法来压制。

谈及最早期的一批中茶牌繁体字七子饼茶，却有一段辛酸的历史。我们阅读七子饼茶的历史，1985年是一个非常关键的年份，因为在这之前，所

稍微受潮的中茶牌繁体字七子饼

1990 年前后的中茶牌繁体字七子饼

有的茶品都必须「统购统销」,1985 年开始,各个茶厂可以开始寻求客户,每年完成省茶叶公司所交付的任务,生产一定的茶品数量之后,就可以自主交易。许多茶商都趁此寻求商机,日本茶商也不例外,而第一批的中茶牌繁体字七子饼茶,就是当初日本茶商的订制品。可是就在交货前,日本茶商又转而看中了南天公司所订制的勐海茶厂 8582 七子饼茶,于是这批七子饼,就只能堆放在仓库的角落了。

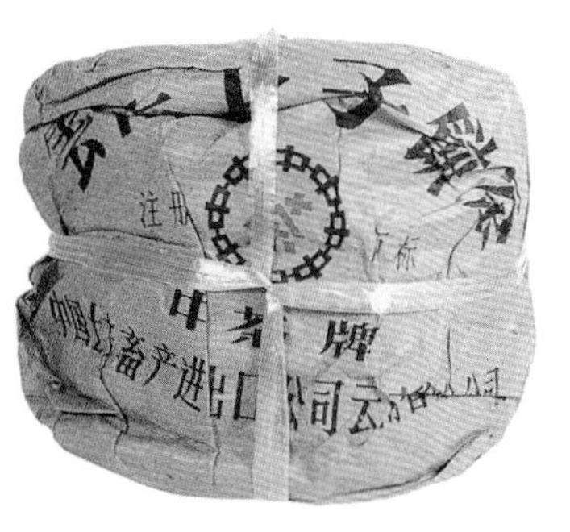

资料提供 石昆牧

由于当时饼身压得比较结实,而且年份很短,茶汤硬涩难咽,所以这批茶一直乏人问津,一直到 1992 年,下关茶厂才终于找到了客户,将茶叶用低价送到了香港。只是当时谁也没有料到,在香港的这批茶,十年之后会水涨船高,受到藏家的喜爱吧!

对于这批茶品,还必须提到另外一件事,那就是部分的茶品,包装纸还是使用「中茶牌简体字七子饼」的样式,这使得市面上中茶牌简体字七子饼的混乱度又增加了一些,这是选择购买中茶牌简体字七子饼时,必须特别注意的地方。

从 1985 年起,一直到 90 年代中期以后,下关茶厂生产过许多批七子饼茶,其中也有轻度渥堆的,包装上虽然纸质与印刷油墨不太一样,但是文案都称「中茶牌繁体字七子饼」。因为不同年份的茶质未必相同,再加上还有仓储的问题,所以真要区隔各个不同年份的茶品,以及不同批茶品质量的差异,一定程度还是需要依赖实际的品饮。

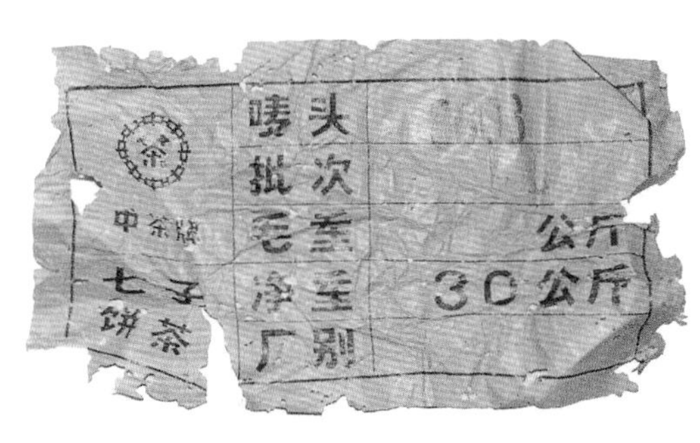

下关茶厂 8606-906 支飞　资料提供 唐美玲

随着自由市场的开放,1995 年以后陆陆续续有私人茶厂生产茶品,由于「中茶牌」是全中国统一使用的茶叶品牌,下关茶厂也没有明确标示「中茶牌繁体字七子饼」是下关茶厂生产,因此有些茶品也使用了同样的包装。不过,由于模具的差异、制程与茶青的选择不同,茶品的品质并不相同,因此对于熟悉下关茶厂茶品口感的茶人来说,并不难区别。

1992 年的中茶繁体字七子饼饼身较大　资料提供 石昆牧

黄印七子饼

整筒认真配方黄印七子饼拆封
资料提供 唐美玲

黄印七子饼 资料提供 陈应琳

所谓「黄印」是港台茶人给的名称。早先指饼茶外包装纸中央的「茶」字是黄色的，一般市面上将这种勐海茶厂制作，外包装纸印黄色茶字的饼茶，通称为「黄印七子饼」。因为勐海茶厂的饼茶包装，在时序上曾有过红色的「红印」，以及绿色的「绿印」(或称「蓝印」)，所以黄印七子饼在茶品的生产上，有延续性的意义。

黄印七子饼开启了勐海茶厂生产七子饼的时代，七子饼在往后二十年间，撑起了普洱茶的巨帜，将勐海茶厂的知名度，传遍了港、澳、台、东南亚各地。

八中黄印七子饼

不过根据市面上的茶品现况来看，黄印七子饼已经成了「家族系列」的一个通称。在这个家族系列里面，至少包含了「八中黄印七子饼」「小黄印七子饼」「认真配方绿字黄印七子饼」「绿字黄印七子饼」「苹果绿黄印七子饼」「大黄印七子饼」等不同的称呼，分别代表了不同批次的「黄印七子饼」。

各种黄印七子饼的包装

此外，在计划经济的年代，各茶厂只负责生产，并不负责销售，因此不论内销或外销，都统一由省茶叶公司办理。每年在昆明，由省茶叶公司召开一个生产计划的会议，会中制订当年各茶厂须生产的种类以及产量，各茶厂就依照这个计划来执行生产工作。各茶厂将茶品制作完成后，运交省茶叶公司处理后续销售的事情，后段工作茶厂并不过问。因此如果没有省茶叶公司的订单，那么茶品通常是没有销路的。

文化大革命后期，茶叶的生产也逐步恢复，1974 年起勐海茶厂正式生产外销的饼茶，应该就是黄印七子饼。但是刚开始的时候数量不大，根据省茶叶公司的资料「1974 年在广州交易会上，成交出口港澳和新加坡七子饼茶 12.37 吨」，也就是总共 3 万多片的产量，其中还有可能包含了「昆明简体字七子铁饼」以及「中茶牌简体字七子饼」。而且，经过这么多年的消耗饮用，真正能够留存的数量应该不多了。一直到 1985 年，根据勐海茶厂老茶人的说法，当时一年勐海茶厂的产量就是 150 吨，黄印、绿印都有做，但是利润有限，并不多做。

虽然今天市面上大家已经习惯用茶号（“唛”号，mark 号）来分别不同类别的勐海茶厂七子饼，但是一直到 1978 年正式使用茶号之前，七子饼从勐海茶厂出厂前没有茶号。目前有些整支夹板箱包装的七子饼，也有编上茶号，那就可能是省茶叶公司在出口前，重新包装时加上去的了。早期的黄印七子饼没有茶号，可是因为有些黄印七子饼，无

苹果绿黄印七子饼

黄印七子饼

论从配方或是从口感判断，都接近后来的7542七子饼系列，因此也不排除1978年之后的某些黄印七子饼可能有7542茶号；否则90年代中期生产的所谓「后期黄印7542七子饼」，就有点画虎不成反类犬了。

实际观察茶品，我们发现黄印七子饼系列在配方上呈现多元的趋势：有的采用单一茶青，有的分底茶、面茶，有的茶青采用较细的档次，有的则使用较粗的级数；而且在工序上也有晒青毛茶直接蒸压，或是经过轻微洒水渥堆的。那么这么多元的茶品类别，为什么都归到「黄印七子饼」的名下了呢？经笔者的归纳，大约可以从三个方面来观察：

第一类是从包装纸上的茶字印成黄色来看的，以此称黄印，名正而言顺。这类茶品，再以饼模的大小，可以分成「小黄印」「大黄印」。小黄印七子饼属于生茶工序，如果仓储良好，是相当优质的七子饼。

第二类是从拼配以及口感来看的。除了第一类的黄印七子饼之外，有些茶品的外包装纸虽然中茶字是绿色的，或是稍浅的苹果绿色，但是因为从拼配与口感来说，与生茶工序的小黄印七子饼相近似，而且如果仓储良好，还带有印级茶的余风，再加上不太清楚茶号，因此也就被归为黄印七子饼的家族了。根据当年经办这些茶的茶行人士的说法，70年代进口这些茶时，整支大多是夹板箱包装，有时候几种茶也会出现在同一箱内，甚至同一纸筒内也有两种茶。总之，如果试着调整自己的价值观点，把判断标准回溯到计划经济的年代，那么大约就能了解、甚至体谅当年的某些情况了。

在这类黄印七子饼中，有两款茶很容易识别，第一种是「八中黄印七子饼」，这茶品的名称，来自内飞使用了印级茶的八中内飞，而没有一般七子饼内飞下方的两行字。有的人说这是因为当年印级茶的内飞没有用完，所以就沿用下来，如此说来似乎就名正言顺是最早的勐海茶厂的七子饼茶了；但是由于这款茶品在香港出仓的时间比一些黄印七子饼要晚，所以上述的说法，还是持保留的态度为妥。

第二种则是所谓的「认真配

方黄印七子饼」，为什么称「认真配方」呢？原来和一般七子饼的内票比较，这款茶品内票的说明文中，如图所示，多了「认真配方」四个字，因此就顺理成章成为识别的方式了。此外，如果从外包装纸背面来看，这款茶品的包装很特别，如图所示，包装纸并没有塞进饼茶背面的凹窝中。至于这款茶品的出厂年份，根据香港某茶商的说法，这批茶是在70年代中期以夹板箱进口，纸筒包装；不过笔者持保留的态度，因为70年代中期，正当文化大革命末期，从时代环境与意识来看，茶叶这种商业产品能够「认真配方」，而且写在纸上吗？虽然关于年代问题，可能还须要进一步资料的佐证来理清，但是根据笔者的实际品饮经验，如果仓储良好，茶品的表现，的确并没有辜负了「认真配方」四个字。

第三类则是从市场商业角度来看的。因为目前在市场上，黄印七子饼的家族系列已经公认属于比较早期的七子饼了，因此如果可以被归为这个家族系列，在年份上似乎就比较有弹性，因此许多黄印七子饼的茶品都被说成「70年代早期」的产品，至少我们似乎看不到哪家茶行，愿意把自己手上的「黄印家族」，说成是「80年代早期」，而因此平白损失10年的价差！于是倒出现了一个怪现象：从70年代中期以后，一直到1984年计划经济结束的那一年，好像勐海茶厂的黄印七子饼忽然就消失了一般，很少在市面上寻得了，这些茶到底到哪里去了呢？应该不会被喝光了才是吧?!

也许身为读者的您还想做的一件事，就是帮这些黄印七子饼家族排排序，看看孰先孰后。不过事实上，除非所有的茶品都出自同一仓储，而且没有受潮，那么对于一个资深茶人来说，或许还有机会推论茶品的年份；否则在文献资料尚不足的今天，要处理这个问题，恐怕还有相当的困难度。

更根本的，一款茶品的好坏应该由年份来决定吗？还是应该看茶青、工序、仓储，以及个人的经济能力与喜好呢？在市场上普遍以年份多寡来订定茶品价值的今天，这其实是一个值得讨论的问题，笔者在这里提出来，作为这篇文章的结尾，也请各位读者一起来深思。

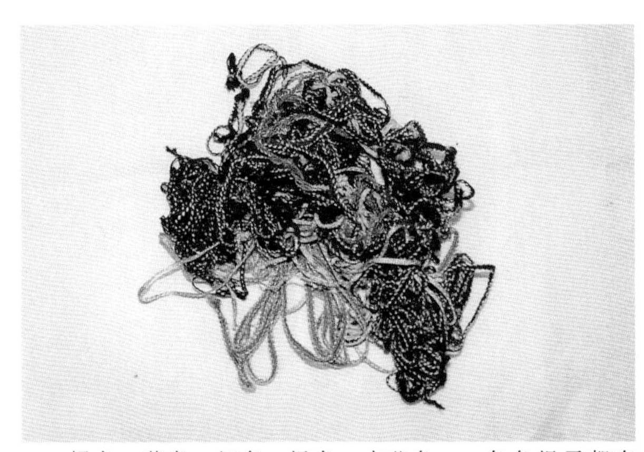

橘色、黄色、红色、绿色、水蓝色……各色绳子都有可能拿来捆绑整筒纸袋装的七子饼　　资料提供 唐美玲

云南七子饼茶

YUNNAN CHITSU PINGCHA

认真配方黄印七子饼的命名，是因为内票的说明文字多了「认真配方」四个字　　资料提供 唐美玲

大蓝印七子饼

在生产印级茶的年代，中茶牌绿印圆茶中有称为「蓝印甲级」或「蓝印乙级」的茶品，但所指的「蓝」，应该指包装纸上盖掉「甲级」或「乙级」两个字的蓝色油墨；至于后来有人称铁饼模的圆茶为「蓝印圆铁」，从包装纸的中「茶」字的颜色来看，似乎称做「绿印」是比较恰当的了。至于大蓝印七子饼的命名，为何用了「蓝」字，就让人摸不着头绪了，是不是命名的茶商认为茶叶的品质能比拟「蓝印」圆茶呢？

至于大蓝印七子饼的「大」字，是以饼身较大而得名，这点与大黄印七子饼的命名一样。一般七子饼的重量是 357 克，但是大蓝印七子饼的重量却有 375 克，饼身也明显比一般七子饼要大、要厚。

在包装纸上，大蓝印七子饼与大黄印七子饼、早期 7572 七子饼相类似，纸上都有木刻印版残留的痕迹，因此也有茶人认为大蓝印七子饼就是一种 7572 七子饼，这是从早期 7572 七子饼中，将饼身特大的一些茶挑出来，另外再给的名称。

但是从茶青配方与工序来看，大蓝印七子饼与早期的 7572 七子饼不同，特别是配方，大蓝印七子饼使用的茶叶较粗，如果拨开饼身的时候细心些，有时候甚至可以在叶底中找到完整的大叶，长度超过 10 厘米，这在其它的七子饼中难得一见。

至于大蓝印七子饼的生产年份是哪一年？目前似乎没有定论。笔者初访勐海茶厂邹老厂长与卢副厂长时，曾请教了有关饼身重量的问题，当时两位茶界老前辈都提到饼身比较大的茶品，是南天公司的订制品，使得大蓝印七子饼的制造年份，必须被断在 1985 年南天公司开始办茶以后；然而，这与从品饮的经验来判断，认为大蓝印七子饼应该是属于比较早期七子饼的说法，并不一致。

因为南天公司在 90 年代中期，的确有订制饼身较大、较重的茶品，因此笔者一度怀疑可能是笔者与两位老茶人在沟通上出了问题，于是第二度造访时，亲自带了茶饼请教，然而两位老茶人看过茶品之后，却依旧得到相同的结论，这就让人更加困惑了。

不过在市场过度注重七子饼生产年代的今天，除了学术研究外，到底去探索茶品实际出厂的年代，在品饮的过程中，是不是有具体的意义？或者这样说，品饮一款茶品时，到底该注重它的出厂年份？或是注重品饮当下，茶汤所回馈给身体和精神的感受呢？这答案或许是见仁见智，然而普洱茶迷人之处，大约也就在它的多元趣味中吧！

大黄印七子饼

大黄印七子饼是以饼身的重量与包装的中茶字来命名的。与一般重量为357克的七子饼不同，大黄印七子饼的重量是375克，所以饼身明显偏大，也比较厚。至于包装纸有木刻印版残留的痕迹，与早期7572七子饼相类似，不过中茶字印的却是黄色。

大黄印七子饼的茶青经过轻微渥堆工序，从包装纸来推论，与早期的7572七子饼大约是相近时期的产品。目前可见大黄印七子饼的包装为夹板箱，支飞是7682，如图所示。不过笔者两次询问支飞拥有的茶商，得到的答案却不相同，第二次询问时，7682成了大蓝印七子饼的支飞了，或许当年在一只木箱中，同时出现两种茶品吧！

由于7682支飞为直立式，所以应该是茶品运到昆明后才由省茶叶公司加入，并非勐海茶厂出厂时的茶号。而已经使用茶号、支飞这件事，又说明了茶品应当是在1978年以后生产。如果从使用的内飞来判断，与大蓝印七子饼、早期7572七子饼，乃至黄印七子饼一致，这又说明出厂年份应该要早于7542-73青饼。辅以木箱包装，以及最重要的品饮经验，在新的证据出现以前，我们是不是可以先大胆推论，大黄印七子饼是1980年前后的产品呢？

1996年拆封整箱七子饼时，留下的镜头　　资料提供　林君贤

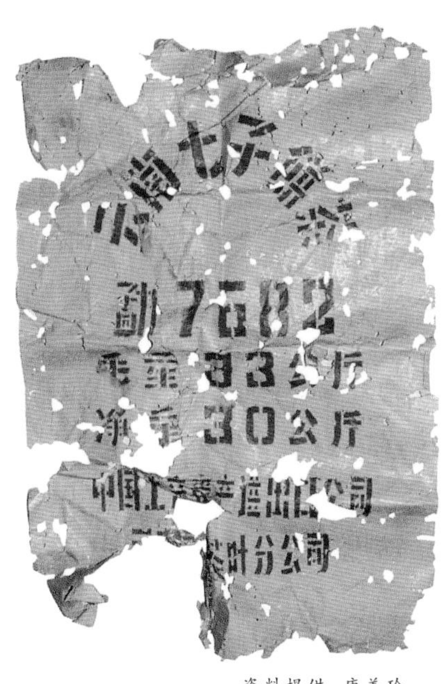

资料提供　唐美玲

水蓝印七子饼茶

一直到今天，水蓝印七子饼茶的身世，还是一个具有争论性的话题。

在 90 年代前后，这批茶第一次出现在香港时，对于身世的问题，就有一些故事了。如果以当时拥有这批茶的香港茶商的说法：水蓝印七子饼大约是早期的勐海茶厂生产的茶品，有「美术字」内飞，而且从茶青特殊的苦底来判断，与福禄贡茶相类似，所以应该是凤山一带的茶青。至于仓储处有二：香港与泰国的曼谷。

如果根据实际茶品来看，水蓝印七子饼的筒包方式有两种，一为铁丝捆绑，一为竹篾捆绑。饼身特殊，重量为 400 克，单一茶青，茶青较细嫩，饼模正圆；包装纸的纸质为十字网纹棉纸，油墨的印刷技术较差，少部分字体印刷不清楚，或笔画的粗细不一致；字体遇水容易洇开，所以油墨属于水溶性。拆开包装纸时要小心，因为茶饼容易散开。

争议性的话题，就从上一段的描述开始。首先有茶人指出，七子饼的重量鲜有 400 克的，而且没有见过勐海茶厂的七子饼有这种包装纸、印刷方式，以及饼模；此外茶汤表现的性质也与一般七子饼不类似；而且饼身容易散开，除了如 7532 七子饼这种以嫩尖为主的茶品外，散茶重新压制比较容易造成这种现象。更直接地，还有茶人指出有一款泰国的鸿泰昌饼茶，不论包装纸、印刷油墨、饼模、茶青配方等方面，都与水蓝印七子饼茶不谋而合。

因此一段时间，水蓝印七子饼忽然被归入「边境茶」的行列，身价也一落千丈。

为了这个恼人的问题，笔者实际品饮比较了将近十种鸿泰昌系列的茶品，可是意外地并没有发现任何一片鸿泰昌的饼茶，有类似水蓝印七子饼的口感；而且如果以鸿泰昌饼茶的标准来看，那么水蓝印七子饼就是相当优质的「鸿泰昌饼茶」了。此外凤山的福禄贡茶，以及后来的天信号饼茶，都保有「苦底」的传承脉络，因此，在《普洱壶艺》杂志的第七期，就有茶人刊载了一篇文章，从各个角度论述水蓝印七子饼这款「年份三十年以上」的「凤山茶将会从番王蜕变成不亚于易武正山的云南勇士」，而那些「视水蓝印为边境茶者，是喝茶不广、立论武断。」

于是水蓝印七子饼的故事，就如同一段竞争剧烈的拔河赛绳索，在呐喊嘶声下紧绷在对立的两造之中，成剑拔弩张之势。为了化解这个局势，笔者尝试在2004年的夏天，带着水蓝印七子饼再度拜访了前邹厂长和卢副厂长。老茶人看茶不理会包装与内飞的，只见两位前辈将茶端近鼻端深吸一口气，而后仔细端详饼茶的正面、背面、侧面，从实际茶叶上传递出来的信息中，得到一个结论：「在我们的任内（1984—1997）没有生产过这片茶。」

水蓝印七子饼是20世纪80年代末的边境茶，还是1984年以前勐海茶厂生产的茶品？使用泰国或北越的散茶压制，还是滇西凤庆一带的茶青？在普洱茶的信息逐渐透明化的今天，相信不久就会有更清楚的答案。然而，对于一款茶品的好坏，只看茶区和年份吗？身为爱茶人的您，如果实际品饮了水蓝印七子饼，如果也喜爱了茶汤特殊风味的表现，那么上面许许多多的争议，对您的意义又在哪里呢？

云南七子饼茶

云南“七子饼茶”亦称圆茶，系选用驰名中外的“普洱茶”作原料，适度发酵，经高温蒸压而成，汤色红黄鲜亮，香气纯高，滋味醇厚，具有回甘之特点。饮之清凉解渴，帮助消化，祛除疲劳，提神醒酒。

YUNNAN CHITSU PINGCHA

Yunnān Chitsu pingcha (also called Yuancha) is manufactured from Puerhcha, a tea of world-wide, fame, through a process of optimum fermentation and high-temperature steaming and pressing. It affords a bright red-yellowish liquid with pure aroma and fine taste, and is characterised by a sweet after-taste all its own Drink a cup of this, and you will find it very refreshing and thirst-quenching. It also aids your digestion and quickens your recovery from fatigue or intoxication

中国土产畜产进出口公司云南省茶叶分公司
CHINA NATIONAL NATIVE PRODUCE & ANIMAL BY-PRODUCTS
IMPORT & EXPORT CORPORATION
YUNNAN TEA BRANCH

早期7572七子饼茶

资料提供 陈应琳

勐海茶厂的早期7572七子饼，从外观来看，底茶的粗细约介于7542和8582之间。虽然后期的7572七子饼，经过渥堆发酵的制程，但是根据品饮，有的人主张早期的7572七子饼是生茶工序。

关于早期7572饼茶，根据香港王坚先生在杂志《紫玉金砂》77期的说法，是由「香港的××茶庄进口，总数只有235支，主要由当时的几家大酒楼瓜分，只有少量的散货流入茶行手中；1985年时茶行中曾有少量的转售。」据说后来其中一部分从马头涌道一间酒楼找出来，并由台湾中部某茶行辗转代理进入台湾。

此外，据说由于出仓时，少部分茶品仓储状况不良，因此部分茶商并不愿意购买。然而事实上，茶品在经过整理之后，仓储状况并不亚于一般香港仓出仓的七子饼茶，再加上陈放年份够长，原本茶青的品质又不错，使得最后大部分茶行不得不承认这家得到代理的茶行独具慧眼。

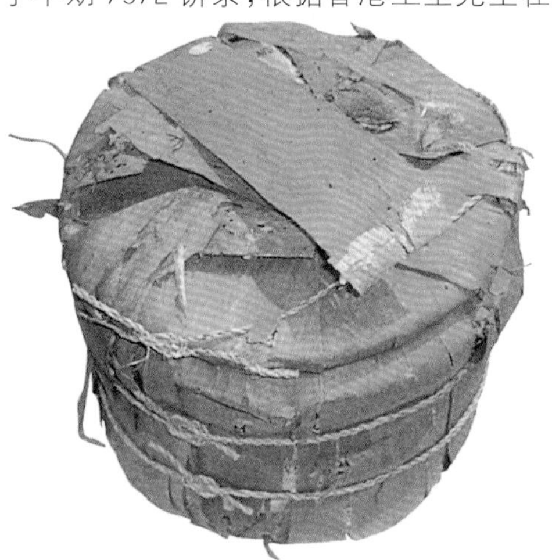

早期7572七子饼茶，整筒由细麻绳捆绑

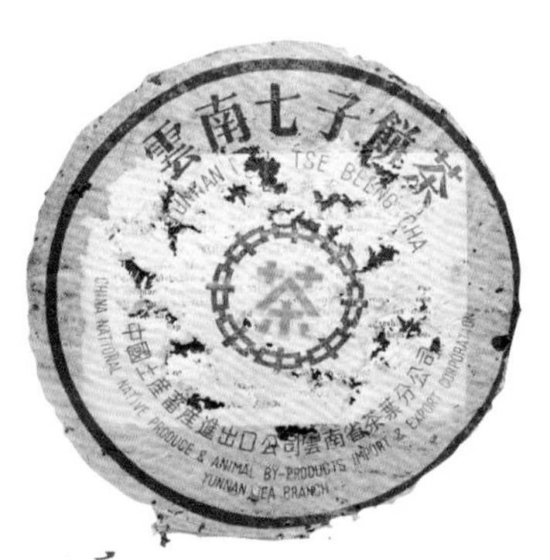

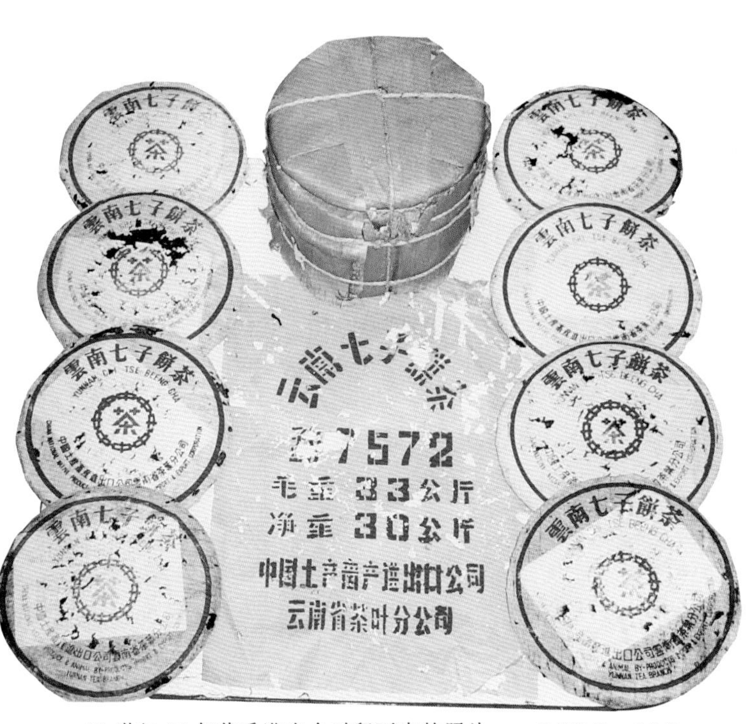

20世纪90年代香港出仓时留下来的照片　　资料提供　王曼源

这批7572七子饼在包装上有多种样式，不同包装的茶品，口感也有些许的差异；而如果单从包装上的字体来观察，似乎也可以推论，这批茶并不是同时出厂的，也就是在年份上，可能有些许差异。坊间也留传着，这种现象是因为在发往台湾时，与其它茶品混在一起的说法，提供参考。

要挑选这批7572饼茶并不困难，因为从包装上不难辨识。除了印版特殊留下了油墨印痕外，通常饼包中央都有明显虫咬的痕迹，而且从痕迹判断，是直接咬穿外包装纸与内票，从这点也可以看出是不是原包装未拆换的茶品。

此外，由于实际上不同片饼茶之间的仓储好坏还是有些不同，所以在选购时，仍然必须特别注意。

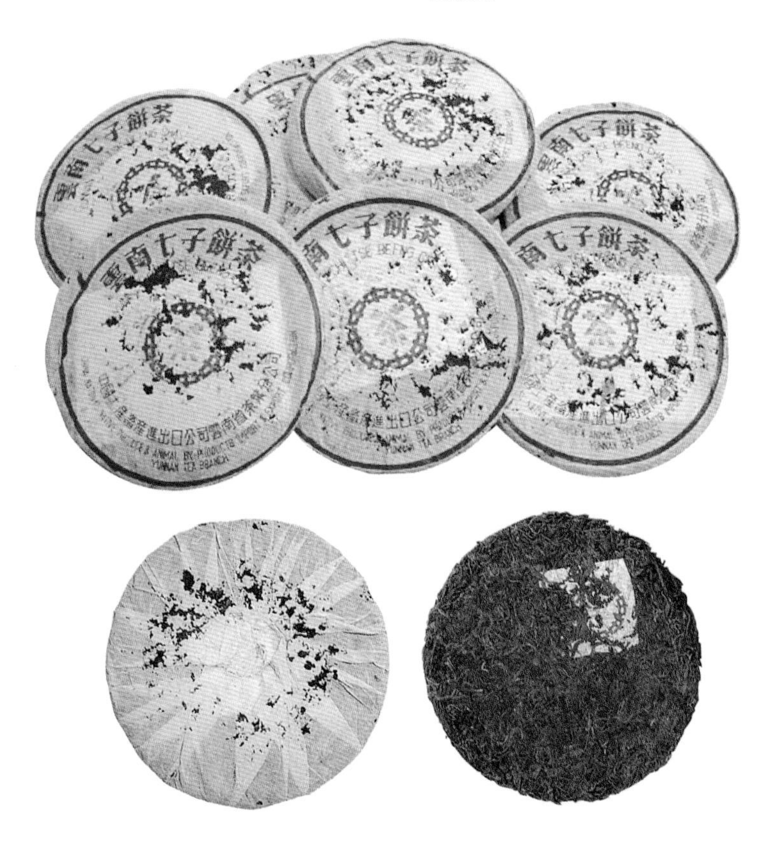

后期7572七子饼茶

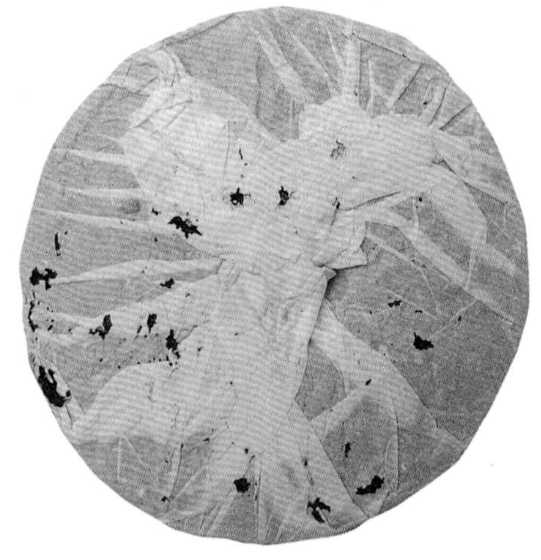

相对于早期的7572七子饼茶，之后勐海茶厂所生产的7572七子饼茶，毛茶都经过渥堆。7572七子饼是勐海茶厂渥堆七子饼系列中，数量最大宗者，一直到今天都持续生产。

其实对于勐海茶厂的茶人而言，提到7572七子饼茶，大部分的认知都是7542相同配方，但是毛茶经过渥堆的茶品。人们会认为7572有晒青压制茶系列茶品，主要还是受到早期那批茶的影响。不过虽然如此，两类茶品在支飞上还是有相当明显的区隔：早期的7572七子饼之所以被称为「7572」，是因为省茶叶公司的直式支飞上用了这个茶号，所以勐海茶厂的茶人认不认得这张支飞，尚待探寻求证；至于后期的7572茶品，支飞是横式的，也就是在勐海茶厂出厂时就包装好的支飞，这时也许就得求证省茶叶公司的经办人员，认不认得这张横式支飞了！

虽然勐海茶厂的7572七子饼一直都有生产，不过从支飞、包装与内飞上，还是可以分别年代。一般而言，经过渥堆的7572七子饼茶，早期依旧使用勐海茶厂标准的七子饼包装纸、内飞，横式支飞上印有「勐海茶厂出品」的字样；90年代中期以后的7572七子饼，基本上包装纸与内飞已经改为「大益牌」的专利商标了，支飞上印的字体则是「勐海茶厂责任有限公司」。

虽然今天渥堆发酵的制程已经不是什么秘

后期紫大益7572七子饼茶

后期红大益7572七子饼茶

后期红大益7572七子饼茶

密，但是综合一般的观点，市场对于勐海茶厂的渥堆七子饼还是有特殊的喜爱。除传统的渥堆车间、优良的滇南茶青、传承的渥堆技术与经验外，据说勐海茶厂渥堆时使用的水质也相当特别，使得制作出来的茶品，具有相当独特的口感。甚至勐海茶厂的师傅出来自己开厂，或是勐海茶厂附近的茶厂，都无法做出相同口感的茶品。因此 2004 年夏天，笔者拜访两家位于昆明茶叶市场的批发茶商时，短短两小时，7572 七子饼的货就出了好几支，可见受到市场喜爱与接受的程度。

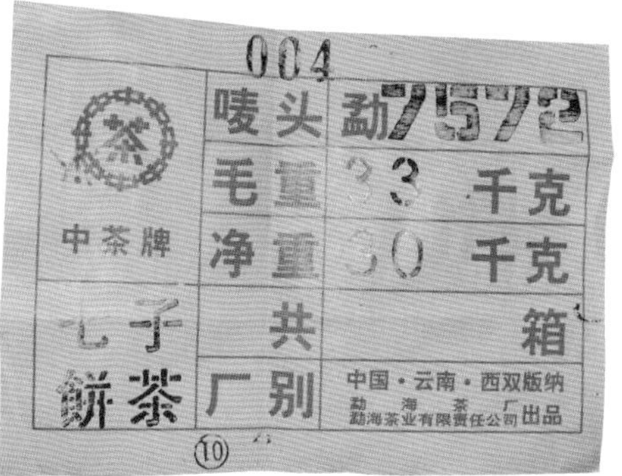

7452 七子饼茶

根据《云南省茶叶进出口公司志》的记载，7452 属于 80 年代以前少数可考的茶号之一；而根据前勐海茶厂卢副厂长的说法，7452 七子饼指的是单片盒装的七子饼，里面放的是 7572 饼茶，属于拼配渥堆发酵的茶品。

当初台湾的某茶行在杂志中刊载出售 7452 七子饼的宣传时，并没有提供支飞等证明资料，而且并非单片盒装，而是七片一筒纸筒包装。显然文字、口述资料与实际茶饼无法对应。但是另一方面，根据市场交易的经验，这家茶行算是相当有商誉的，并没有造假的纪录。因此为了进一步求证，笔者亲自造访该茶行，并且询问支飞、盒装等相关问题，然而得到的答案却颇让人失望：「没见过支飞、盒子，也不清楚原包装，但是从香港购买时，就说是 7452 七子饼了。」

不过，该茶行的茶品，与文字资料倒相符合：适度渥堆、茶青级别与拼配手法类似 7572 七子饼、内飞为「细字尖出美术字」。根据笔者的品饮，这批

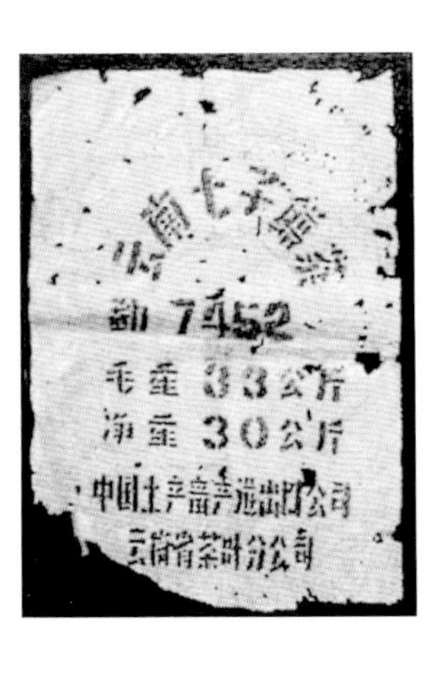

7452七子饼茶虽然是渥堆茶品，但是香气与口感都很特殊，颇有几分早期7572七子饼茶的气势。

后来，笔者亲眼在香港某茶仓的一个小房间中，见到了堆积如山的盒装七子饼；并且不久之后，也终于见到了直式支飞；于是，7452七子饼的疑云算是初步理清了。不过，因为香港该茶仓茶品堆积如山，而摆置盒装七子饼的小房间门口被其它茶品堵住无法进入，该茶仓老板对于那批茶的记忆也不是很清楚，所以到底7452七子饼在哪些年份生产过？曾经出产过几批？都还等待进一步考证了。

7542七子饼茶

1990年前后的7542七子饼茶

茶号7542的七子饼，属于勐海茶厂出品的滇青压制茶中，最具有代表性的茶品。茶青采用拼配：芽尖为面茶，底茶比面茶略粗一些。因为不同年份的茶号7542的七子饼筒包、包装纸、内飞、内票都略有差异，而且因为几乎每年都有生产，生产数量又是七子青饼中最多的，口味品质也不尽相同，所以真正要鉴别出不同年份的不同批茶，相当程度上，恐怕已经进入专业研究的范畴了。本书图版部分，仅举出几款不同的茶品，提供读者参考。

此外，有部分早期的黄印七子饼从毛茶的拼配方式来看，也与7542七子饼类似，或许可以视为前身。

茶号7542的字样，注明在整支茶的支飞上。勐海茶厂包装在整支茶中的「框架横式」支飞，可以看出茶厂、茶号、重量、批号。例如「7542-932」就是勐海茶厂(2)从1975年开始生产(75)的第四种配方(4)的茶品，这批茶是1989或1999年生产(9)的第32批茶(32)。每批茶有100支。就重量而言，一支茶装12筒共30公斤，有的支飞则写明60市斤（1公斤=2市斤），换算出一筒的重量就是2.5公斤，所以一片的重量再除以7，就得到357克这个数字了。因此就一般的七子饼茶而言，如果再扣掉包装以及水分的散失，那么每饼茶实际的重量还要再轻些。

一款没有内飞的7542七子饼茶

由于7542七子饼茶的数量庞大，无法从支飞、筒包、包装纸、内票、内飞来判断茶品质的好坏，理由如下。

先看支飞，早年茶行因为不注重这张纸，常常在整支竹篮拆开的同时，就连同竹篮一起扔了。但是因为支飞上注明了茶号，茶号又可能关系到年份，年份自然影响价格，于是这几年才有人渐渐注意到支飞的意义。但是支飞真的有意义？意义前提应该是整支原封未拆，否则买一筒或是一饼，要如何确定这张支飞就是这饼茶的支飞呢?所以个人认为，如果支飞离开了整支的茶品，意义可能就只有到这张纸为止了。

再看茶号，1976年省茶叶公司在制定茶号的会议中，所追认制定的四个数字的茶号，原来是授

曾受潮的7542七子饼茶

予每种茶品不同的意义。但是因为前两码没有随年代而增加，使得前两码代表的意义变成了「订定标准的年份」。茶号的第三码指的是相应的级别、拼配的配方，这是后来一段时间内，稍有意义的一个代号，但是同样要面对不同茶区、不同茶树种、不同季节、不同年份毛茶相互拼配的可能，因此不同批的茶品，品质上也很难做到客观统一。因此，茶号所能表示出的意义也很有限。

就算茶品确定了茶青品质，出厂年份，制作工序也都没有失误，我们仍然不能保证买到的茶就是好茶，因为仓储和运送的过程中，依旧有太多的变数。

因此，茶叶在离开茶树之后，到您手上之前，实际上已经历经了一连串的变数，茶品的「好」或「坏」，很难从单一的标准来论断了。那么，身为消费者，又该如何选择？我们认为「茶质以品饮论定」吧！让我们从品茶的经验和知识中，找到自己喜爱的口感、合理的价位、有益身心健康的好茶品。因此，或许喝茶人该思索的是，如何将每种自己认为不错的茶，都泡出最好的风味，能够借着茶艺的进行，充实、变化自身的生命情境，实践茶道精神的生活。愿大家都能在天清气爽的午后，与三两好友相聚，树梢鸟啭虫鸣，身畔焚香弹琴，茶汤回荡心灵，笑谈天地古今。一杯好茶，一世情谊。

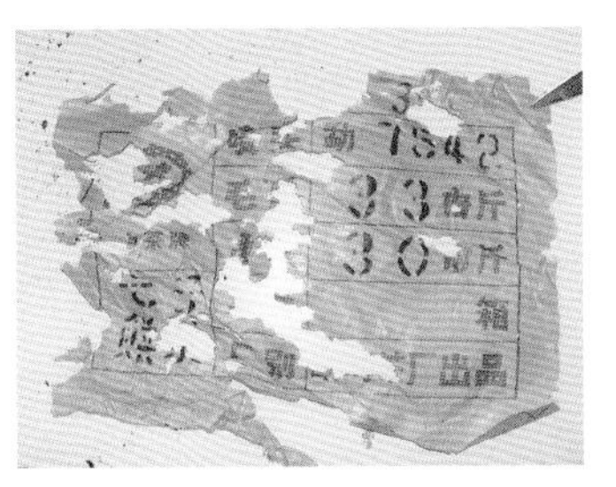

80年代后期7542的外包装纸

十字网纹水蓝中茶字包装的7542七子饼茶

90年代中期曾出厂一批7542七子饼茶，包装纸中茶字为黄色

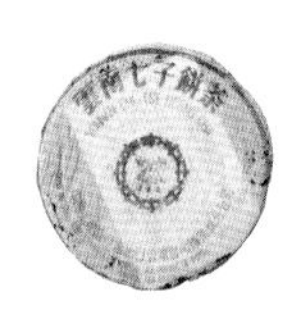

7542-73 青饼

虽然从茶号来看，7542 七子饼茶应该是从 1975 年开始生产，但是从目前数据较为清楚的茶品来看，被命名为「73 青饼」的 7542 七子饼，似乎是比较早的一批茶品。也由于「比较早」，有些在包装、内飞、口感等各方面条件与 73 青饼相近似的 7542 七子饼茶，也就被归为 73 青饼一族。时至今日，73 青饼似乎已经成为「早期 7542 七子饼茶」的代称了。

实际上，73 青饼是台北钰壶轩黄先生于 1998 年 12 月命名，所以「73 青饼」是一种俗称，指的应该是某一批茶号 7542 的勐海七子饼。这批 73 青饼的外包装纸是属于「大口中」，中央的茶字为手工盖印，饼身较小，因此也有人称为「大口中小绿印」。此外，雨点、茶滴、细字尖出的特征，这些特征也可以在 73 青饼的茶品上见到。

不过，73 青饼的内飞虽然是「细字尖出」，但是「州」字的左边那点往左下方点，与其它黄印七子饼家族内飞的「州」字不相同，后者是往右下方点的。

由于从 73 青饼的各个条件来观察，大约都可以被归类为比较早期的七子饼，因此或许当初命名时，才用了「73」这两个字吧！可是 73 青饼的年份到底是 1973 年、1975 年，还是其它年份呢？

早年港台地区的茶商，由于资料的缺乏，大多从字面上来解释，认为这批茶是 1973 年压制生

产，与最早期的黄印七子饼同时期，因此也就被归为少数「陈期三十年」的最早的七子饼家族的一员了。不过后来大家渐渐知道茶号是到 1975 年才订定，而且正式使用更是 1978 年以后的事，于是这款茶品的年份似乎就要向下修正了。后来笔者访问了当初命名的黄先生，依黄先生的说法，这款茶品是有横式支飞的，支飞上写的茶号是 7542-506，那就使得这款茶品的年份问题有了更多话题。

虽然 73 青饼的话题还在杯壶茶行间流传，但是也许只有真正喝过这款茶的人，才能从茶汤的表现滋味中，给出最恰当的茶品年份吧！然而无论如何，谈到 73 青饼总让人想起头发泛白的黄先生，而《普洱壶艺》第 8 期的专访中，那几句老茶人的慈语叮咛，却一直萦绕在耳际，久久不能散去：

提起你的光明念头
来照耀你的生命
提起你的空灵观念
来超越你的生活
提起你的喜悦心情
来洗去烦恼尘埃

7542-7452 七子饼茶

第一次与这款茶饼相遇，无论从包装、拼配、茶汤、口感等方面来看，毫无怀疑地就是勐海茶厂 7542 七子饼茶的风格；然而，当茶行主人拿出支飞时，顿时让人傻了眼：怎么是 7452 的横式支飞呢？等再看到外包装纸，更让人有些啼笑皆非，因为全包反了！那么到底这饼茶要算是 7542 还是 7452 饼茶呢？

根据茶行主人的描述，为了这个问题，笔者曾经当面请教过当时勐海茶厂的邹秉良厂长，得到的答案是，该批 7452 饼茶是南天公司的订制品，品质较优。如此说来，那么这批茶是为南天公司量身订做的了？笔者心中还是存着些许疑惑。

一直到拜读周红杰先生的《云南普洱茶》这本书后，才算有了比较明确的肯定，该书 109 页这样叙述：「云南省茶叶进出口公司在 1988 年发文并注明品质和级别的茶号：7452（高档七子饼）、7572（中档七子饼）、8582（普洱青饼）、8592（普洱熟饼）、7542（普洱大饼）（青饼）」。从文字来解读，这份文件是省茶叶公司 1988 年发文制作的七子饼茶种类，其中茶号 7452 的茶品，属于高档的七子饼。由于该茶的支飞为 7452-921，「9」指的是 1989 年，至此所有疑点也就解开了。

特别举出这款茶品来介绍，除了品质上的保证以外，更重要的是它具备了几点特色：第一，就年代而言，是可以精准确定年代的茶品，不像有些七子饼的年代随着市场需求而任意加码；第二，就仓

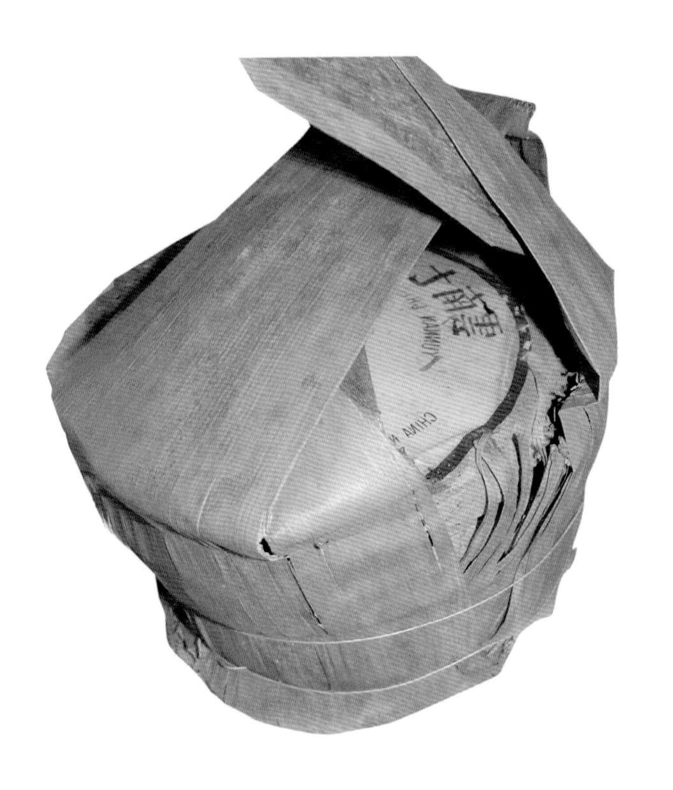

储而言，因为从来没有离开过云南，也就没有所谓香港或是台湾的仓储问题，或者换个角度来说，这就是典型的「昆明干仓」茶品；第三，就品质而言，根据文献资料可以确定是该年的「高档七子饼」；第四，从这批茶品的茶号来看，可以看出至迟在1989年，茶号的使用已经有些混淆了，但如果排除省茶叶公司自行订定的茶号，而单从勐海茶厂的茶品来看，其实还算单纯清楚。

笔者特别举出这款茶品，主要是因为到目前为止，它各方面的资料都透明清楚，没有任何造假的空间。因为它呈现了1989年制作的高档七子饼（青饼），没有经过香港仓储，单纯存放在昆明的具体面貌，因此不论是研究普洱茶的学者，或是作为一位消费者，这款茶都具有指标意义，是品饮其它相近年代7542七子饼时的最佳「对照参考组」。

7542-88 青饼

因为特殊的历史因素，许多七子饼要找到正确的生产年份，已经不太容易了；而仅仅依赖品饮论断年份，又会受到不同仓储的影响，使得判断未必精准。因此，如果能找到一片茶，身份清楚，仓储良好，品质也有代表性，以这片茶作为比对的参考样本，那么对于提升普洱茶的品鉴能力，一定有不少帮助。

依照这个观点来看，如果前面介绍的7542-7452可视为昆明仓储的典范之一，那么这款7542-88青饼，就是香港「未入仓」的7542七子饼的代表之一了。

如果从支飞来看，「9」就是指1989年，但是以到达香港的1991年份来看，似乎这批茶有可能包含了1988年到1991年间的7542七子饼。这也是为何被命名为「88」青饼的原因吧！

在1991年前后，当这款茶还是新茶时，并没有香港茶商对它有兴趣，因为实在太「青」了。后来因缘相会，由陈姓茶商购入近300支后，就一直存在仓库中，以零售的方式买卖。

1995以后，普洱茶的热潮逐渐兴起，越来越多茶商不仅买卖茶，也懂茶了，因此据说在一夜之间，这批茶就分三路，从陈姓茶商脱手了。

初次见到这饼茶，是2003年在香港的柴湾，当时因为茶汤中含有黑色碳粒，而且带有些许烟熏

味，因此虽然仓储良好，并没有特别注意这款茶，只当是一般 7542 七子饼。没想到在很短的时间内，已经成了市场上被热烈讨论的茶品了。

最近再拿出来试饮，烟熏味淡化不少，汤色明显转栗。而微微的酸味，却正是变化的征兆，茶汤也顺口多了，这样短的时间发生这么大的转变，的确让人惊讶。

如果要从包装、内票讨论这批 7542 茶品，可能会遇到困难，主要原因就在于印刷纸质，以及油墨色泽都多样化，例如一般常用的术语：薄纸、厚纸、朱砂红、猪肝红……都能在这批茶中见到。因此，与其用各种方式去鉴定是否是这批茶，或许不如找家诚信可靠的茶商，直接让茶商推荐选购，因为据说这批茶目前大部分还在少数茶商的茶仓中，市面上的流通不算广泛，来源清楚可查。

值得特别一提的是，这批茶中，有少数茶品整支茶的竹篓外面是用棕绳捆绑的，而且恰恰好多具有这个特征的茶都没有内飞。根据不少人的品饮，都举出这「棕绳无飞 88 青饼」的品质还要再略胜一筹，此外也有人推测是老茶树的茶青。

因为辨识的方式太特别了，因此有人戏称这是茶厂与茶商间的「**暗语**」，只是被追根究底的茶人给「**译码**」了。茶余话题，聊备一格。

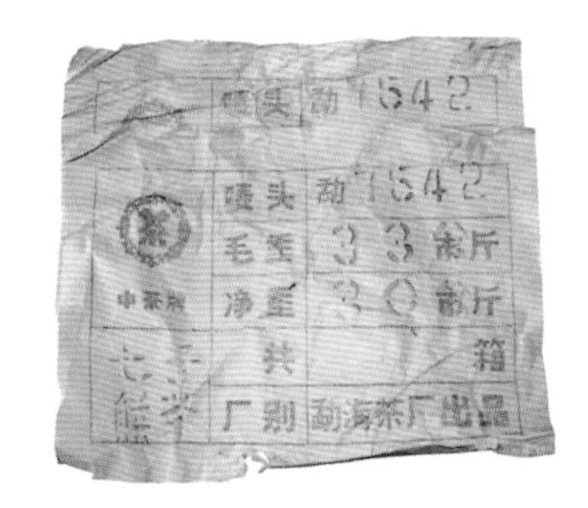

7542-大益七子饼茶

紫大益七子饼

由省茶叶公司统筹的侨销七子饼茶，从 70 年代中期以后，一直实施到大约 1992 年，正式画下了休止符。从此各个茶厂必须完全靠自己的力量打开生产销路，而茶叶生产也不再是国营茶厂的专利品，私人茶厂陆续建立，投入商业市场的竞争。另一方面，「中茶牌」商标的使用日益混乱，而一段时间内「云南七子饼」的包装纸也没有条例约束，导致许多茶品都有了酷似勐海茶厂七子饼的面貌。

面对市场开放的初期震荡，勐海茶厂可说受到相当程度的冲击与考验。面对现实茶叶市场的变化，勐海茶厂引进了先进的商业观念，在 80 年代末期正式注册了「大益牌」的专利商标，并且在 90 年代中期，开始筹组「勐海茶业有限责任公司」，从国营茶厂逐步朝有限责任公司的制度改变；同时，也正式推出了以「大益」为品牌的七子饼，作为茶品的区隔。

从目前的市场来观察，大益七子饼主要有两种茶号，其中以晒青毛茶压制的茶品茶号为 7542，而渥堆发酵茶则为 7572。每片饼茶埋有大益牌的内飞，包装纸也使用大益牌的包装纸，常见的包装纸有红色与玫瑰紫两种颜色。本文图片中所举例的，就是紫色包装纸的大益牌 7542 七子饼茶。

从勐海茶厂发展的历史角度来看，大益 7542 七子饼茶位于茶厂制度改变、商标使用改变，以及茶叶市场产销制度彻底自由化改变的关键年代，因此我们将之视为七子级普洱茶时代终结后，面对现代私人茶厂生产的普洱茶，勐海茶厂采取应对的代表茶品，相当有历史的意义。

红大益 7542 七子饼

新的紫大益 7542 七子饼

7542- 橙印七子饼茶

勐海茶厂橙印 7542 七子饼茶

回顾普洱茶的历史，曾出现过数种以包装纸颜色来命名的茶品，也留下了不少值得回味的历史故事。虽然一款茶品的优良与否，与包装纸未必有必然的关联，然而 90 年代橙印七子饼茶的出现，还是唤起了茶人以包装纸中央茶字的颜色来命名、辨识茶品的回忆了。

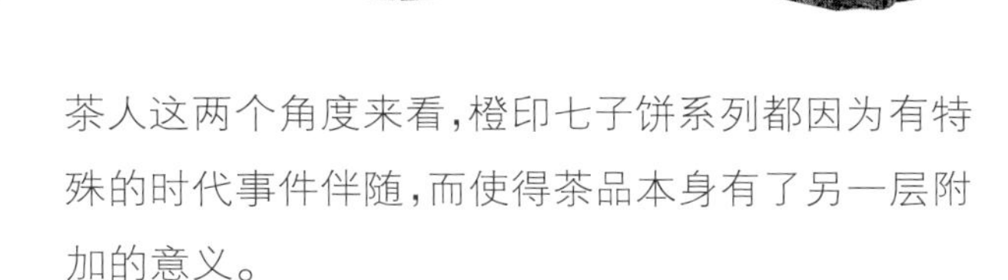

不过，到底橙印的「橙」是黄色油墨印深了，还是勐海茶厂或是订制茶品的茶商有意识地制造出一批茶质特殊的茶品呢？似乎到目前为止，还没有人真正认真研究过。

至于橙印七子饼的生产年代大约是 1996、1997 年左右，南天公司的订制茶品。由于南天公司办茶至 1997 年止，这一年勐海茶厂也进行了世代交替，因此不论从纪念南天公司或是纪念茶厂老茶人这两个角度来看，橙印七子饼系列都因为有特殊的时代事件伴随，而使得茶品本身有了另一层附加的意义。

如果从包装纸来观察，90 年代中期以后，勐海茶厂的七子饼包装纸上，「雲南七子饼茶」六个字的字形，相对于较早期的七子饼，明体的字体有了清楚的变化，明体字显然变得较为宽扁。橙印七子饼的包装纸，除了中茶字由绿色改为橙色外，其它文字的特征与一般同期的七子饼无异。

这款橙印七子饼毛茶经过渥堆，以芽尖为主，比较接近 7432 的配方，从内飞的颜色说明是 2000 年前后的产品

目前市面上见到的橙印七子饼，在配方上有 7532、7542、8582 三种，至于本文所选出的橙印 7542 七子饼茶，如果仓储良好，经过数位资深的茶人品饮鉴定，都认为茶叶的品质相当优良，茶青应该经过特殊挑选，将之视为勐海茶厂 90 年代中期 7542 七子饼中的优等茶品，并不为过。

7582 七子饼茶

有一类粗体美术字内飞的七子饼茶，当茶人在品饮时，发觉与 8582 拥有相近似的配方，以及梅子味的口感，因为无论从茶韵或口感来判断，都得出比最早的 8582 要早的感受，因此推论这些茶应该要早于 1985 年生产，这些「更早的 8582」就是 7582。只是当时没有茶号，一直到 1985 年才给了 8582 的茶号。

可是这样推论，就不应该找到 7582 的支飞，笔者一度也这样认为。约在 2000 年以前，曾有茶商在杂志登广告时，用计算机合成了一张直式支飞。可是这张支飞的「8」字，字体偏圆，显然经过处理。

经过计算机合成的 7582 直式支飞

而且，就在不久之后，笔者找到了一张虽然已经虫咬残破，却仍依稀可辨的 7582 直式支飞，然而问题在于茶行给了这张支飞「熟饼皇」的称呼。经过进一步询问，这款茶是渥堆茶，至少绝对不是一般认定的 7582。也许是后来省茶叶公司把 7582 这个茶号，给了一类渥堆的七子饼吧！我们只能这样推论。

这饼茶应该被归为7582的七子饼茶，在1990年时被送去北京参展，但是从口感判断，与一般8582的七子饼并不类似

还有另外一种推测，就是1985年南天公司向勐海茶厂订制8582时，同时从仓库中运出了一批堆尾茶，也就是历年出货后剩余的茶品，据说也有印级茶品在内。因为在香港的这批茶出仓时，内飞、内票、包装纸、乃至于茶质……都不统一，所以也有可能一般认定的7582饼茶就是堆尾茶中的一类。如果如此，那么这类茶的年份似乎最有可能落在80年代初期。

美术字内票

208

中茶牌	唛头	勐7582
	毛重	33 千克
	净重	30 千克
七子饼茶	共	箱
	厂别	中国·云南·西双版纳 勐海茶厂 勐海茶业有限责任公司 出品

(C1)

此外，有人认为其实这类8582茶品依旧是1985年，甚至之后几年内生产的，只是因为制茶工序与仓储的关系，使得品饮时觉得陈期较久远。如果是，以茶人们给这类茶的评价而言，这种制茶工序和仓储方式就值得研究了。

勐海茶厂在近年还用7582茶号出厂过茶品，如图所示，茶号7582-719、7582-208的横式支飞，应该就是1997年、2002年生产的了，属渥堆茶青。

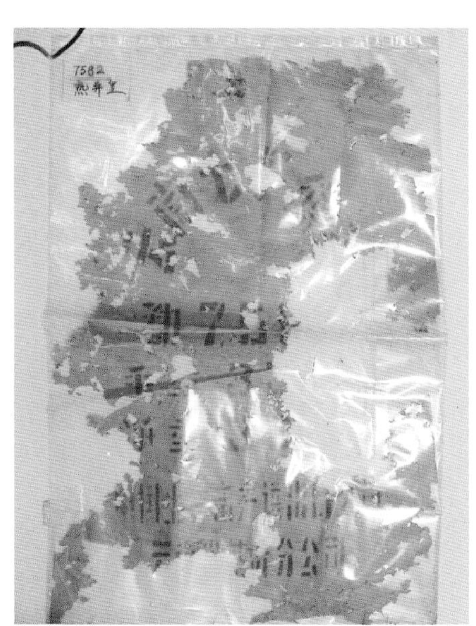

7582熟饼皇　　资料提供　陈应琳

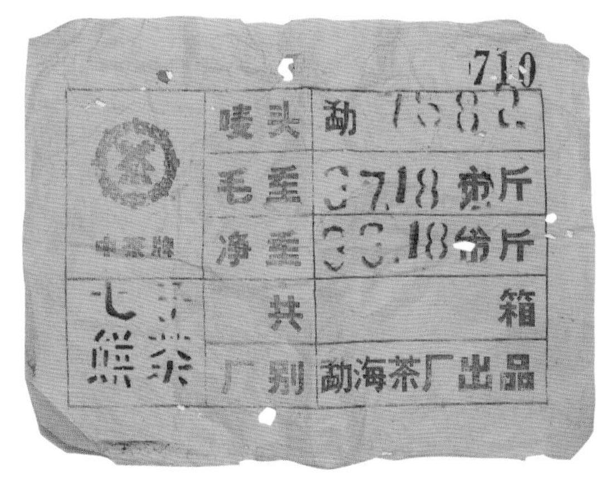

719

中茶牌	唛头	勐 7582
	毛重	37.18 市斤
	净重	33.18 市斤
七子饼茶	共	箱
	厂别	勐海茶厂出品

1997年的勐海茶厂7582七子饼支飞

8582七子饼茶

这款8582为薄棉纸，印刷字体，纸张纤维清晰可见

勐海茶厂的七子饼茶，从茶号来看，除了7542之外，就属8582的数量最多，也是七子饼中最具有代表性的茶品之一。

但也由于数量多，茶品的包装种类又多，茶的品质也不同，而且除了整支茶品有8582支飞外，从单片茶饼上，并没有任何8582的标识，那么一般消费者如何去判断一款茶是不是8582呢？笔者发现，除了从品饮的过程中直接判断外，就是从茶青的配方与拼配在茶品中的位置来判断的。但是少数时候，也会出现喝起来像8582，但是看起来不像8582；或是反过来，看起来明明是8582系列的茶品，却喝出陌生的口感。

图中整支七子饼是以棕绳捆绑的

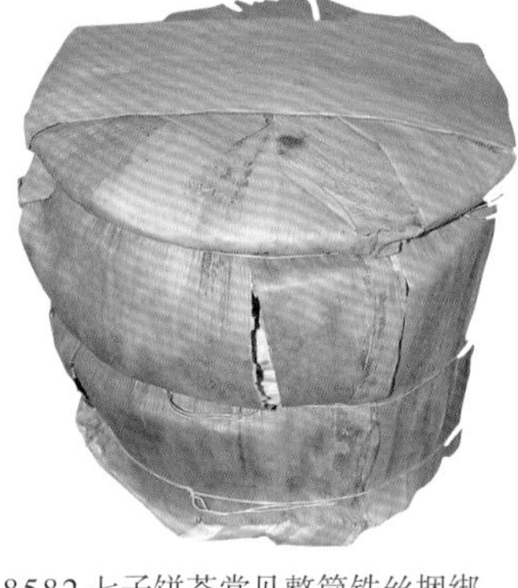

8582七子饼茶常见整筒铁丝捆绑

从茶品的外观来看，勐海茶厂的8582七子饼，大约以3、4级的较细的毛茶为面茶，5至8级的较粗毛茶为底茶。特别是从茶饼背面观察时，毛茶的级数，显然粗于7532、7542七子饼，大约已经是生茶工序的七子饼中，毛茶级数最粗的茶品了。

如果从品饮来归纳，大部分茶人认为8582七

略受过潮的8582七子饼茶

常见的8582包装

子饼有种特殊的「梅子味」，但这是很主观的描述。因为同样「梅子味」的形容，也被茶人用在7532七子饼或是早期的广云贡饼上；而且也有部分8582七子饼在茶行的描述中，是被形容成樟香系列的；而且随着仓储状况的不同，表现也不太一致。因此，或许找一位熟悉8582七子饼的朋友，或是信用可靠的茶行，先建立对8582七子饼的基础观感，还是相当有必要的。

从外观来看，随着仓储的不同，色泽也有不同的表现。虽然较早期的8582似乎大部分都经过香港茶商的仓储工艺，但以笔者的经验，真正受潮严重到茶质破坏殆尽的茶品也不多见；倒是反过来说，许多8582七子饼正好可以成为香港普洱茶仓储工艺的代表作品之一。因此为数不少的8582七子饼外观还是油亮润泽的，特别翻到茶品背面观察时，红褐色的表现相当抢眼。不过这里也要特别强调，笔者也喝过「没那么红」的8582七子饼，但是还是相当优质的，这或许与茶叶茶区和制茶工序的差异有关吧！

就茶汤的颜色而言，笔者所喝过的8582七子饼，一般而言是偏深栗色的，根据经验，这应该是茶品曾经仓储在相对比较湿的环境中所致，有的茶品可能待在这种环境中不久，或是「退仓」的功夫做得很好，从口感上品出的「仓味」也不严重，但是汤色却已经转深了，而且水性转软、转顺，感觉好像陈年老茶一般，所以好的仓储或许在某方面对茶品是起加分作用的；但是不可避免地，这样的茶品还是要流失一些茶质，一泡茶品饮过程中的变化也少些。

有些8582七子饼，品饮过后让人觉得有印级茶的影子，感觉像喝到绿印圆茶年轻时的模样。因为根据资料记载，80年代云南当地曾经发生过质疑大树茶能否饮用的疑虑，后来经过抽样检测，才证明对健康并无影响，所以当时这些大树茶的毛茶，也有可能被加入七子饼的拼配中，而根据茶人们的品饮，因为饮出了印级茶的樟香，所以也就推测，有可能是加入某些8582七子饼中了。

谈到8582的历史，应该要从云南的茶叶购销制度谈起。一直到1984年以前，云南的茶叶实施统购统销政策，省茶叶公司必须要收购农民生产的毛茶，这个时期茶叶生产是由国家统一下计划，各个茶厂每年接受省茶叶公司交付任务，茶品的品质与数量都有一定的规定。从1985年起，云南茶业的销售在政策上取消了统购统销，所以各个茶厂

从包装纸判断，一般认为这种字体的茶品年份较早，约在80年代中、后期

三款 8582 的内飞

都必须自力更生，想办法去接订单，开拓销售渠道。茶业市场开放后，南天贸易公司以其良好的关系，接获了勐海茶厂七子饼的订单，而 8582 的茶号与茶品，就是从这个时期开始问世的，其中茶号的「85」，当指 1985 年开始生产。一般而言，南天贸易公司订制的七子饼，茶青使用等级略优。

不过事实上，到底哪一批茶才是南天贸易公司订制的第一批茶呢？茶业界似乎一直没有很肯定，其中一个重要的原因，就是比较早的 8582 七子饼，不论在包装、内飞，甚至茶叶的品质上，都呈现了多元化的现象，甚至在一筒茶中，内飞的形式也不统一。不过有时候茶人是很细腻、也很可爱，对于那些被认定为优质的茶品，他们总会千方百计、观察入微地从茶品中找出一些具有识别意义的特征，然后给予不同的描述词汇。这批呈现多元化的 8582 七子饼茶，除了包含之前所谈到的 7582 七子饼茶外，部分茶饼的「棕绳朱砂红」也成了一种识别的方式。这里所谓的棕绳，指的是整支茶用棕绳捆绑，以别于其它竹篓或草席包的；朱砂红则是指内飞的八中以及下面两行字的墨色，以相对于其它偏暗红色的；此外这款茶的外包装纸标题字「云」的右勾连到第二点，也有别于其它只连到第一点的 8582 七子饼。如果品饮的结果够陈、仓储可以接受、梅子味也对上了，那么再一一验证「棕绳」「朱砂红」「云点」，大约就得出这款 8582 茶品了。它是 8582 七子饼中的优质品，有兴趣的茶友不妨找找看。

另外有批 8582 七子饼的竹叶筒包的上方，有一张绿色的圆形贴纸，上写着「中国商检」等字样，因为识别容易，所以也常被提起讨论。早年一般说法是 1992 年制造的，但是已经有茶友明白指出支飞是写着 8582-7××，所以应该就是 1987 年的某批产品，不过也不排除 1992 年同样也有贴商检的茶品。这款茶品，就以「8582 商检」简称之。一般而言，商检 8582 七子饼茶的年代也不算晚，品质也是系列 8582 七子饼中较优质的。

有一款 8582 茶品也是值得推荐的，虽然它出厂年份较晚，而且茶质薄了些，但却未曾受过潮，茶汤颜色呈现栗色。这款茶的包装纸是带矾的薄棉纸，纸张内纤维清晰可见，包装纸的中央茶字稍偏浅绿，而且印刷工整，不像手工盖印；内飞的茶字颜色也偏浅，八中以及下面两行字的墨色偏朱砂红，一般以「薄纸 8582 七子饼」称呼。前几年笔者刚购买时，茶汤还有些生硬，今年再拿来试泡，变化让人感到讶异，有茶友称干仓储存的晒青压制茶，大约 5 到 7 年会有一次大变化，在这款茶品上得到的印证是很恰当的。

商检 8582 七子饼　资料提供 白水清

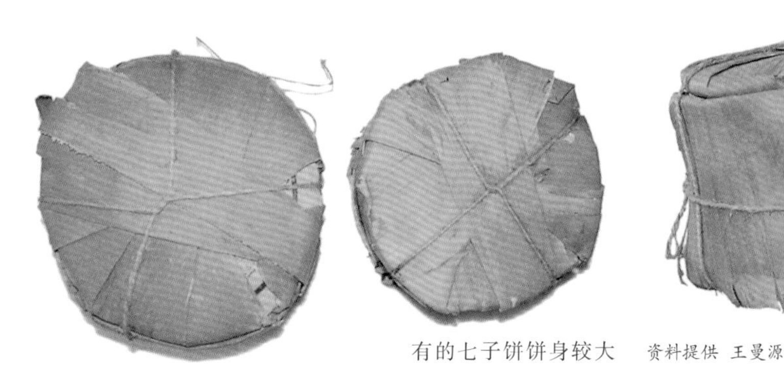

有的七子饼饼身较大　资料提供 王曼源

8592 七子饼茶

紫天 8592 七子饼茶

茶号 8592 的七子饼，属于勐海茶厂出品，经过渥堆发酵的茶品系列。由于 8592 七子饼是以 8582 的茶青级数作为配方，因此在勐海茶厂生产的七子饼中，叶面明显较渥堆的 7572 七子饼粗壮，也是辨识 8592 七子饼的直接方式。

这种盖有紫色天字号的七子饼茶，以目前笔者所见过的印章中，位置大约固定在两处，如果配合外包装纸的观察，天字章盖在下方「**出口公司云南**」字样上的包装纸纸质较厚，而中央的茶字颜色较深，这属于 1990 年左右的一类包装纸。至于天字盖在右上方「茶」字旁的包装纸，纸质较薄，多纤维，而且中央茶字颜色比较浅，为机器印刷字样，这似乎是 90 年代初期一种包装纸的特征了。

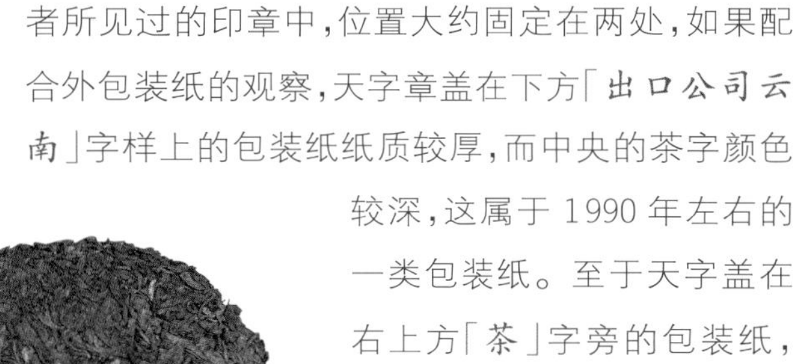

红天 8592 七子饼茶 资料提供 施文龙

之后香港某茶行所订制的 8592 熟饼，依旧有盖「**天**」字圆印章，但是颜色偏红，亦有人称之为「**红天熟饼**」。现在市面上还可以见到一些 8592 七子饼，包装纸没有盖天字章。

从茶号「85」两个字来看，应该是从 1985 年开始生产，但目前所知最早的订购(非生产)日期，是由香港南天公司在 1988 年、1992 年所分别订购的三批茶。因为这三批茶的外包装纸上，都盖着紫色「**天**」字的圆印章，一般俗称为「**紫天熟饼**」，对于喜爱「**熟茶**」系列的茶友而言，紫天熟饼有一定的市场认同度。由于紫天熟饼经过渥堆发酵，一般消费者并不会刻意去收藏，很容易就喝掉了，反而使得目前市面上，已经较少见到早期的紫天熟饼了。

未盖天字章的早期 8592 七子饼茶

红带七子饼

红带七子饼茶

勐海茶厂出品的七子饼中，有一款茶品的饼身、茶面埋着一条红色的带子，俗称「**红带七子饼**」。红带七子饼选用细嫩的原料，比较接近7532的配方，因此也有人视为7532的一种。目前所知，红带七子饼没有茶号。

如果从包装纸来看，港商所订制的红带七子饼，包装纸为横格薄棉纸、大口中、手工盖印。从外包装纸来看，与7542-73青饼的包装是一致的。

关于红带七子饼的身世，目前有两种说法。第一种说法指出这款七子饼是由某茶商在80年代早期订制，原先计划销售到法国，后来因为包装不合乎欧洲农产品进口的标准，于是就滞留在香港无法出口，结果意外成为一批优良的七子饼茶。这种说法流传在香港的茶商之间。

第二种身世，是勐海茶厂老茶人的回忆。根据记忆，凡是饼身有红色带子，或是外包筒装绑上红、橙、黄、绿各色带子的茶品，都是南天公司的订制品。特别是这款红带七子饼，因为辨识标记十分清楚，所以老茶人记忆犹新。由于这种说法，直接影响到一些茶品的年份，为求慎重，笔者带着红带七子饼二度造访老茶人，结果依旧得到相同的答案。

不过，因为当年南天公司所订制的茶品，必须先经过昆明的省茶叶公司，无法直接从勐海茶厂出口，有些茶品在省茶叶公司经过重新包装，而如果省茶叶公司又有仓储库存的现象，那么在同一款茶品中，订制的年份、从勐海茶厂出厂到省茶叶公司的年份、省茶司出口到香港的年份……或许会有几年落差的可能，特别在省茶叶公司库存了几年之后，又重新包装才出货，那么以木箱、纸袋、各色绳子捆绑、一筒内有两款以上的茶品……这些问题似乎就有了合理的解释。不过这些说法，都还只是在推论的阶段，需要进一步的资料来证实。

无论如何，由于红带七子饼是订制品，如果仓储良好，在七子饼中是属于较优的等级，可惜数量不多，而且大多已经流入收藏家的手中。近年有仿制或新制的红带七子饼，大约都是90年代中期以后的产品。

7532 七子饼茶

茶号 7532 的七子饼茶，从配方来看，面茶多为一心一叶的毛茶铺面，背面的茶青与面茶的差距也不大，有时候甚至不太容易分辨茶饼前、后面的差异。勐海茶厂出厂的七子饼茶中，没有经过渥堆工序的茶品，以 8582 的茶青最粗，7542 次之，7532 最细，单以这个方式来判别，也大约可以区隔三种不同的茶品。

从许多文献资料可以看出，长期以来云南当地茶人，都认为以春尖一级的毛茶来制成的茶品品质最优良，作为进贡朝廷的贡茶，也是选用这样的茶青。所谓的春尖指的是春天过完年后开始采收的第一批茶叶，而一级就是以最细嫩的芽尖为主的毛茶。不过，这些细嫩的春芽早年是不是被用来做滇青压制茶呢？

至于港台地区的茶人，是以茶品来回溯茶青品质。根据实际品饮各类普洱茶后发现，那些极品的号字级以及印字级茶饼的茶青，大部分并不是使用细嫩的茶青，反倒是许多茶品使用了一心二叶、一心三叶的茶青，这使得对于优质普洱茶茶青的认知，云南当地茶人与港台地区的茶人，似乎有些差距。

由于所有的七子饼，即使年份最长的，也大约刚刚跨过三十个年头，而以一心一叶茶青为主的 7532 七子饼茶，可以考据而有茶号的茶品中，年份最久的仅二十个年头，所以用较细嫩的茶青，和用较粗的茶青来压制饼茶，到底前者是产生更佳的风味，或是各有千秋，还是逊于后者，都尚待时间的考验。

对于七子饼的品质，仓储的好坏，影响价格甚大，7532 七子饼也不例外。特别是 7532 七子饼茶，因为使用了较细嫩的茶青，本身的胶质比较不足，所以饼缘的茶叶经常会脱落，拆开外包装纸的时候，要特别小心，以免影响品相。

目前市面上的 7532 七子饼茶不论从包装、内票、内飞来看，都呈现多样化的现象，也可见这款茶品与 7542 一样，许多年份都有生产，品质风味也就未必相同。本书仅列举几个例子，提供选购比对时的参考。

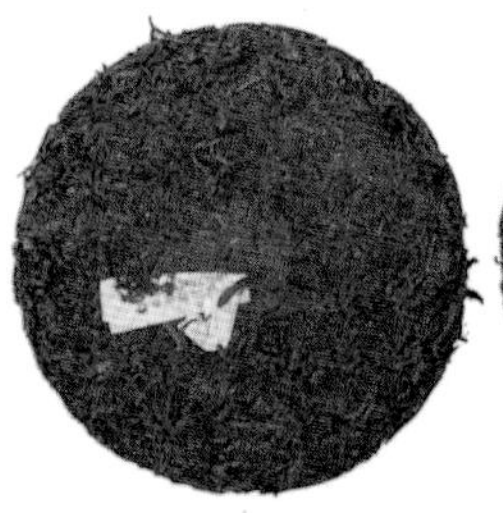

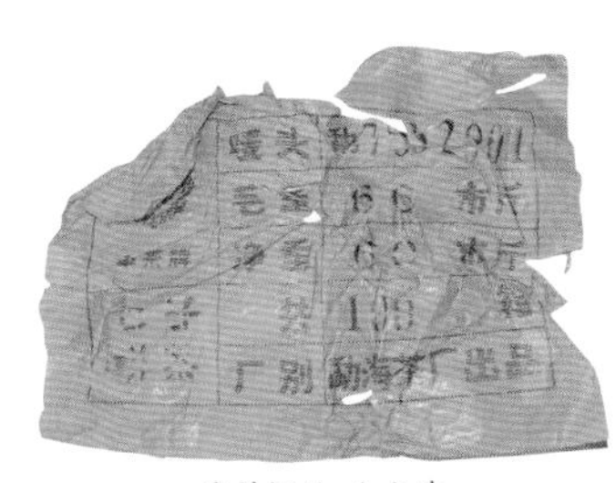

资料提供 白水清

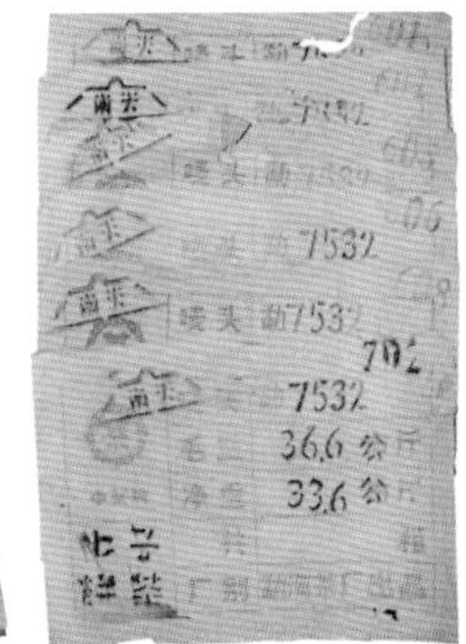

资料提供 罗启峰

7532-雪印青饼

不少普洱茶的爱好者,心中都有一个疑问:到底哪一款茶才是雪印青饼? 正因为许多茶行都说自己的7532七子饼茶是雪印青饼,所以正确的答案,似乎到目前为止还有些扑朔迷离,那么「雪印」所指为何呢?

原来,「雪印青饼」是一种俗称,指的是某一批茶号7532的勐海七子饼。这个名字是由命名73青饼的台北钰壶轩黄先生命名, 首次出现在1999年11月的《紫玉金砂》杂志广告页。从广告页中我们发现这批7532的七子饼的外包装纸是属于「小口中」,中央的茶字为手工盖印,内票较小,内飞为「细字尖出」,纸筒包装,各色绳带捆绑。从各种资料来判断,这款7532七子饼,的确属于较早期生产的茶品。

既然茶品有红印、蓝印、绿印、黄印,而且都是以外包装纸中央的「茶」字颜色来区隔,那么「雪印」青饼中央的「茶」字,应该要皓洁如白雪才合理吧! 但是事实上雪印青饼的外包装纸, 中央的茶字也呈现绿色, 与其它七子饼茶并不容易区隔,而且根据笔者拜访黄先生,黄先生也没有提出特别的说明,这也就难怪市场上那么多各式各样的雪印青饼了。

不过,根据勐海茶厂老茶人的说法 ,7532七子饼实际开始生产的年代,比其它茶号的七子饼茶晚一些,再从筒包、包装纸、内飞、内票等综合来判断,合理的推论,应该是80年代中期的产品。

因为「雪印」青饼一词在普洱茶界过于出名,又属于早期的7532七子饼茶, 所以后来的7532七子饼茶,许多都被冠上「雪印青饼」的称谓,借以提高身价,成了「祖先庇荫后代」的情形。不过,「正牌」的雪印青饼真的比较优良吗? 恐怕还是得考虑仓储的好坏。优质的雪印青饼,在茶商中曾有「云尖」「赛蓝印」的雅称;但是如果仓储不佳,茶品过度受潮,那或许还不如一片茶青优良、仓储良好的「无印良品」吧!

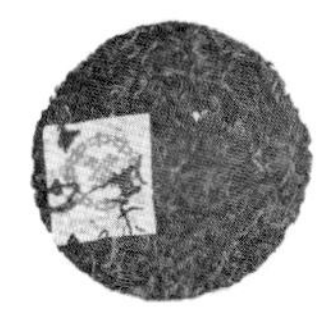

7532- 御赏饼

从历史的角度来看，七子饼的发展，有几个重要的年份，具有指标性的意义。1972 年 6 月，因为省茶叶公司定名中有了「畜产」，因此可以从包装纸来断定，所有的七子饼，应该都要晚于 1972 年出厂，至少是 1972 年 6 月以后才包装。1978 年正式统一使用茶号，因此有茶号、有横式支飞的七子饼，应该是 1978 年以后才生产。1984 年结束统购统销的制度，从此茶商在订茶的数量上，可以有自由的空间，因此从这一年开始，七子饼的产量迅速增加，也增加了几个新的茶号。

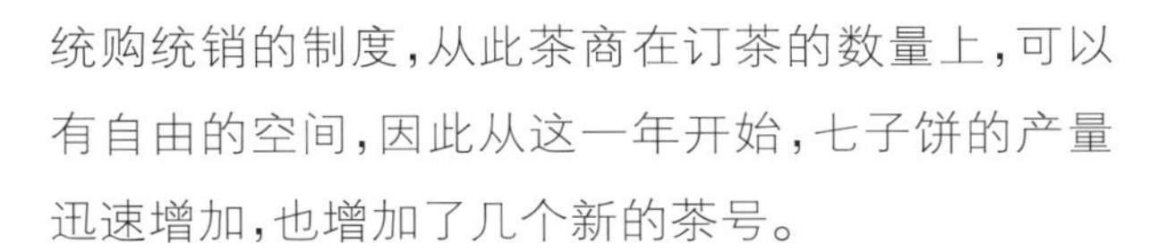

此内飞似乎是后来加贴上去的，属于西双版纳内飞一类，原饼内飞待考

不过 1985 年一直到 1992 年这段时间，经济的改革开放是循序渐进、渐次展开的。应该这样说吧！1985 年以前，所有的外销茶品，不但每年的数量固定，而且必须经过省茶叶公司来办理出口。港澳等地的茶商，也只有大盘商能到昆明与省茶叶公司洽购，而无法到茶区、茶厂去。1985 年开始，对于外销或是侨销的茶品，基本上在数量方面是开放了，茶商的经营也比较自由，但是销售的管道依旧由省茶叶公司掌控。换句话说，茶商可以自行到茶区与茶厂接洽，决定订制的茶品种类、档次、数量等事宜，不过最后还是必须向省茶叶公司下订单，也统一由省茶叶公司来办理业务，所以各地的茶品还是要先汇集到昆明，再转送订购的地点。

1992 年前后，省茶叶公司已经不太去掌控整个市场的交易行为，茶商可以自行到茶厂接洽生意，茶品完成后也不需要经过省茶叶公司办理业务，每个茶商都有自己的运销管道。

这种情形，从负面的角度来看，就是比较无法落实品质与产销的管理，导致茶品的品质参差不一，而且产生茶价与品质的落差问题。但是如果从正面来看，许多精于茶叶研究的茶商，就有了更大的挥洒空间。因为他们可以直接与茶厂洽谈，让茶厂依据他们的需求，筛选指定的茶区、季节、茶树品种、配方、工序等诸多条件，来制作「订制品」。

如果依照这样的标准来看，「7532- 御赏饼」似乎就有一个特殊的时代意义了。这款茶品的饼身很小，只有 225 克，在茶青的选用上，则使用了相当细嫩的单一茶青，没有面茶与底茶的区分，由于从茶青来看，最接近 7532 的配方，而市面上也有人称呼这款茶为「7532 小饼」，但是根据笔者的访查，当初出厂时，茶商所给定的名称是「御赏饼」，「御」者皇帝，「赏」者鉴赏、欣赏，如果再从云南当地对于好茶青的标准来看，这款「御赏饼」应该是改革开放后，国营茶厂系统中，年份属于比较早期，而且由私人茶商订制、公营茶厂压制，精心挑选的茶品了。

7432 七子饼茶

目前一般认为勐海茶厂出品的七子饼茶，在茶号的编排上，似乎有些混乱，但是如果我们将省茶司的直式支飞，以及勐海茶厂以及将90年代中期以后的支飞先区隔开来，那么单就勐海茶厂70年代末一直到90年代中这个时期观察，除了少数例外，七子饼的茶号并不复杂：以晒青毛茶蒸压成型的青饼来看，就是7532、7542、8582三种茶号的七子饼；而相同的配方，如果经过渥堆工序，那么8582就成了8592，7542就成了7572，7532就是7432七子饼茶了。

从市场上来观察，7432七子饼茶的数量似乎较少。由于云南当地茶人认为最好的毛茶是嫩尖，而目前市面上则有不少由嫩尖经渥堆制成的「白针金莲」「宫廷普洱」散茶，所以是不是因此影响了压成饼型的7432的数量，还需要进一步的资料来比对证实。

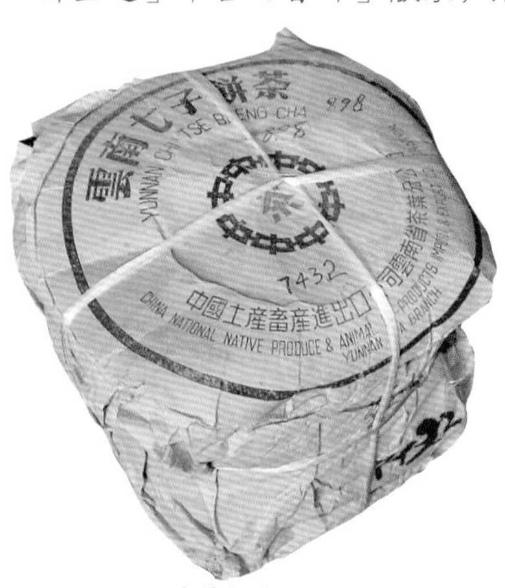

资料提供 王小江

关于实物，笔者所收集到的比较早的茶品，如图所示，是茶号7432-801的这批茶。虽然和7572七子饼茶比较，在茶青的使用上的确比较细嫩，但是从实际茶饼中，我们仍然可以见到少数的茶梗，而且似乎也不全是由嫩尖压制而成，所以显然在级数的选择上，与嫩尖散茶是有一些差异的。

根据实际品饮经验，以嫩尖为原料的渥堆茶品中，许多茶品冲泡时带着如荷花一般的香味；而因为沱茶使用的毛茶级数也较细嫩，也有不少茶品带着这种香气。依个人的经验而言，这种香气最常见于勐海茶厂的散茶与沱茶中，提供读者参考。

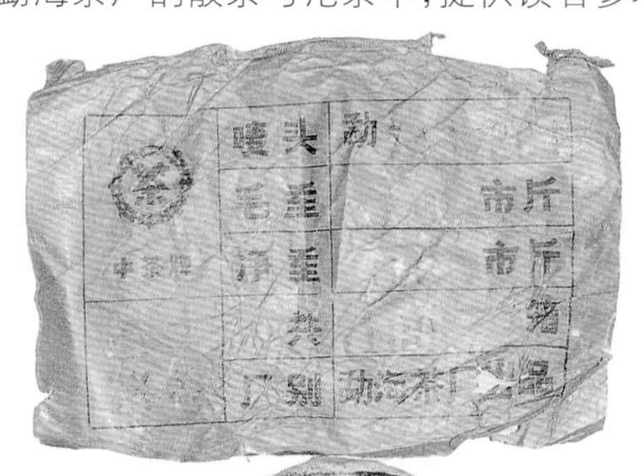

资料提供 唐美玲

景谷砖茶

这个包装上印有工厂、卡车与一心二叶茶叶的图案，应该属于比较早期的产品，因为上方印有藏文，当年很可能以边销为主

景谷位于普洱县北边，接近云南省中央，早年也是茶马古道北路的要津。文革前产茶主要销售滇西、西藏，供藏族饮用。景谷茶厂的制茶老师傅李希白的儿子李文庆，藏有当年父亲遗留的紧茶，柄端特别粗大，造型风格特殊，与一般紧茶迥异。

景谷茶厂生产的砖茶，如果从包装来看，都是四块砖一包，图案大约有三类，前两类由制茶工厂以及一心二叶的茶叶图形共同组成，从印刷技术来看，有卡车图形的包装为手工印版，技术更古老些。这两类包装的砖茶，制程没有经过渥堆，因为市面上留下来的茶品仓储良好，再从实际品饮来判断，陈化的程度并不亚于早期的黄印七子饼茶，很有可能是70年代中期的茶品；如果从图案的内容以及相对应的历史条件来推论判断，制造年份似乎也应该落在这个时期。

景谷砖茶有可能是70年代中期的产品　资料提供　莊鴻文

景谷砖茶有可能是在70年代中期生产

整箱的79景谷砖　　资料提供 白水清

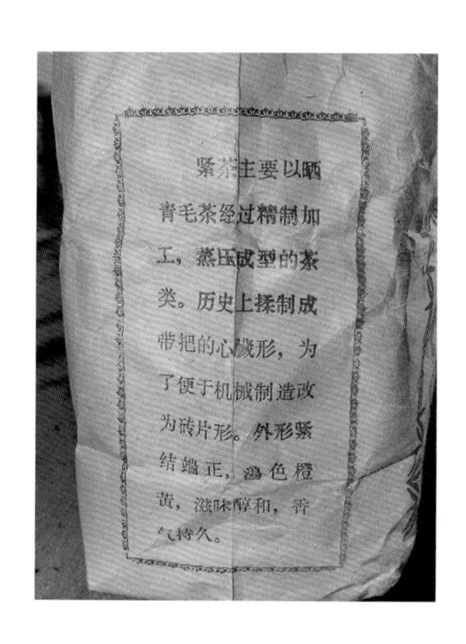

第三类图案就是目前市面上常见的砖茶包装，目前台湾的普洱茶市场上所能见到身份资料清楚的茶品，是茶商所谓的「79景谷砖」。这款茶品经过渥堆制程，在包装上与昆明茶厂7581砖相似，一定程度还须依赖其它鉴别方式去区隔。

砖茶的茶号以7581为主，而第4码「1」指昆明茶厂，所以有一段时期笔者也认为砖茶是由昆明茶厂生产。然而在计划经济的年代，由于并不详究各茶厂的品牌、品质，而每年通过省茶叶公司出口的茶品数量一定，所以有时候各茶厂在生产上必须相互调配，因此笔者原先所认定是昆明茶厂生产的7581砖茶，今日看来很有可能是其它精制茶厂压制后调配的，如果以今天市面上的茶品数量来看，除了昆明茶厂的7581砖以外，景谷砖茶的数量要算最多的了。

李文庆先生为景谷茶厂制茶老师傅李希白之子，手上的箱子中装的是当年父亲留下来的茶品与制茶工具。李先生目前研制茶酒有成。

7581 昆明砖茶

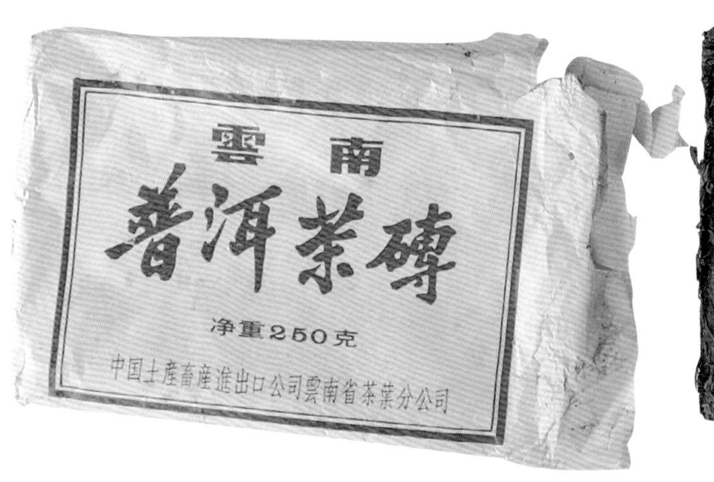

1967年紧茶改型制成砖，文革后包含景谷、临沧、云县、沧源、双江、凤庆、盐津、下关、勐海等地陆续都有砖茶生产。砖茶是省茶叶公司用来调配各茶厂产能供需平衡时所用的茶品。7581昆明砖茶是昆明茶厂自文化大革命后期，人工渥堆发酵技术成熟后，以此方式生产的砖茶中，数量最大的砖茶茶品。

茶号7581的昆明砖茶，都经过渥堆发酵，形状呈长方形，产品名称为「云南普洱茶砖」。包装中下方写着「净重250克」，底下一行字是简体字「中国土产畜产进出口公司云南省茶叶分公司」，字体全部都用红色。因为隶属于云南省茶叶分公司，所以昆明茶厂的产品，原则上并无标示「昆明茶厂出品」的字样，其中有些在内部埋入「省茶叶公司」的内飞。

7581昆明砖茶的包装纸，原先使用鸡皮纸，原料从加拿大进口，纸张在天津制造。后来因为这种纸的原料需要砍树取得，不利生态环保，所以就改用甘蔗渣纸。鸡皮纸的韧性较强，不易扯破；甘蔗渣纸则相对比较脆弱，例如黄色条纹牛皮纸等都是甘蔗渣纸质。

7581昆明砖茶有厚薄、宽窄，这与压模机器以及模具有关。最早先压制250克的茶砖，一次压四片，这时压模机需要较大的压力。后来因为产量太大，模具陆续损坏，新的模具就改成一次压两片，于是「窄版」成了「宽版」。后来压模机器因不胜负荷而损坏，茶厂新补进来的设备，无法产生这么大的压力，于是砖就「厚」了，甚至只能一块一块压。

至于茶砖底部的压痕，则有顺序性：先是使用比较细的麻布袋，但是因为不耐用，就改用比较粗的麻布袋，后来则改用橡皮质料。

有些砖茶最外层还有纸盒包装。80年代末期的茶品，纸盒内部没有包装纸；90年代以后，则内部加包如7581砖一般的包装纸。

1989 年滇西生产的边销砖茶

1994 年昆明茶厂停止生产以后，因为开放私人精制茶厂，加上中茶牌的注册商标无法可管，许多仿制的砖茶在市面上出现，包装五颜六色，重量各式各样，茶青也各有不同，极为热闹。

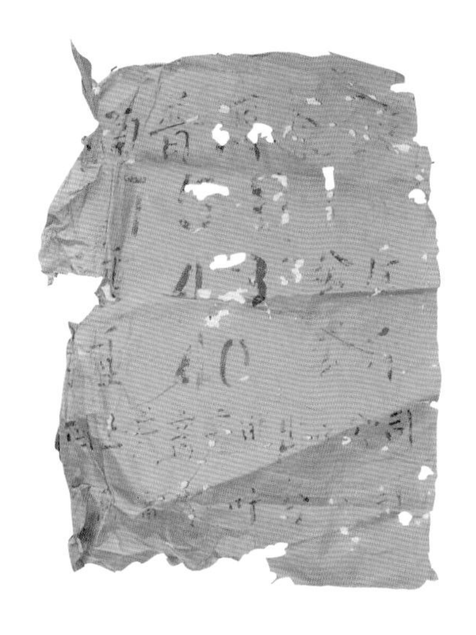

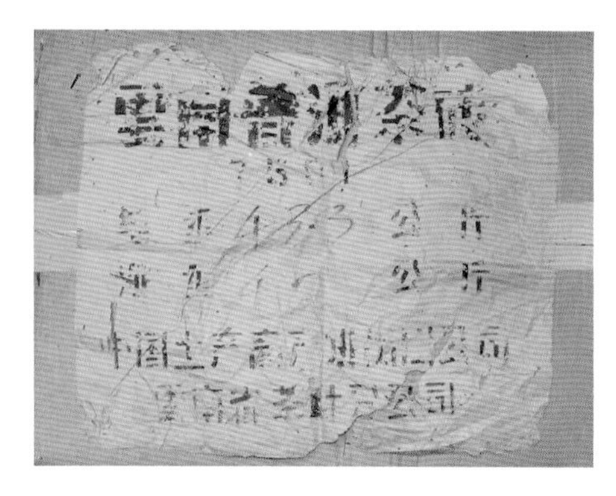

80 年代中期滇西勐库的双江茶厂生产的边销砖茶

资料提供 艾田

90 年代以后的盒装砖茶，里面还有一层包装纸

位于昆明市敬德巷的昆明茶厂，厂房已经另租它用

勐海砖茶

8062砖的原始包装

1967年统一将紧茶改成砖茶的型制后，勐海茶厂也开始制造砖茶，目前还存在埋着「勐海茶厂革命委员会」字样内飞的「文革砖茶」，应该是文革时期的晒青压制茶品，可惜真品极少。

1973年以后，勐海茶厂引进了渥堆发酵的技术，随后勐海砖茶大部分都经过渥堆制程了。其中目前还可以见到的早期砖茶，是包装纸背面印有7562字样的「7562勐海砖茶」，可惜同样的问题是仿品不少、真品难觅。

勐海茶厂从80年代到90年代，依旧生产渥堆的砖茶，目前市面上以俗称8062砖与8562砖较为常见，属于轻度渥堆的茶品，取名80、85是延续7562的「75」二字，与年份并无关系。8062的原始包装印着八中茶商标，8562的原始包装则印着大益牌的商标。

由于砖茶主要销售藏族煮酥油茶，一般砖茶使用的茶青，通常是较为粗老的级次，有时候茶砖内部还混着茶叶碎屑。可是勐海茶厂的砖茶，使用的茶青却比较细嫩，表面还铺了嫩叶芽头，不但容易与一般的砖茶区隔，在配方上也延续了7562的品质。由于7562的茶青是特别经过选择的，而且在早期的渥堆砖中，评价很高，因此后续的勐海砖茶也同样值得期待了。

勐海茶厂革命委员会出品的文革砖，背面布纹明显

勐海茶厂革命委员会出品的文革砖

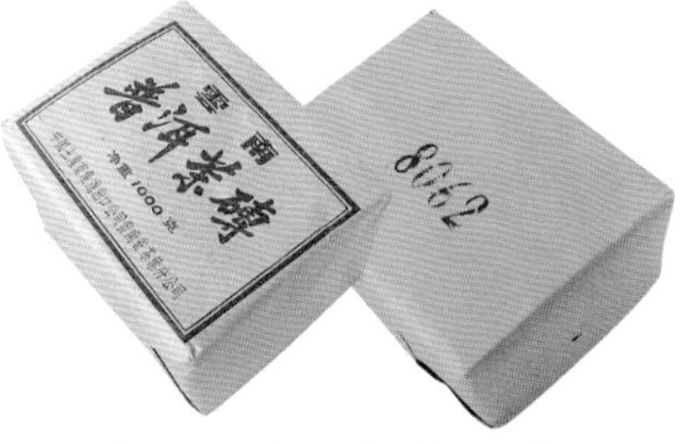

8062砖运送到台湾后，重新包装，背面也盖上8062的字样

最近8062砖亦有重新单片包装

下关茶砖

印有宝焰牌商标的云南砖茶

谈到下关茶砖，就必须从藏族谈起。长久以来，藏族因为有食肉的饮食习惯，必须靠酥油茶解油腻，但是因为环境气候的因素，茶叶的产量很少，只好依赖邻近地区的四川、云南等地供给。下关茶厂位于西路茶马古道要津，自然成为滇西供应藏族茶叶的重要茶厂。

早年供应藏族的茶品，造型以紧茶为主，但是根据《中国茶经》页442的记载：「紧茶过去是压制成带柄的心脏型，因为包装运输不便，1967年后改成砖形，每块净重0.25公斤」，可以知道文化大革命开始后，因为包装以及运输方面的问

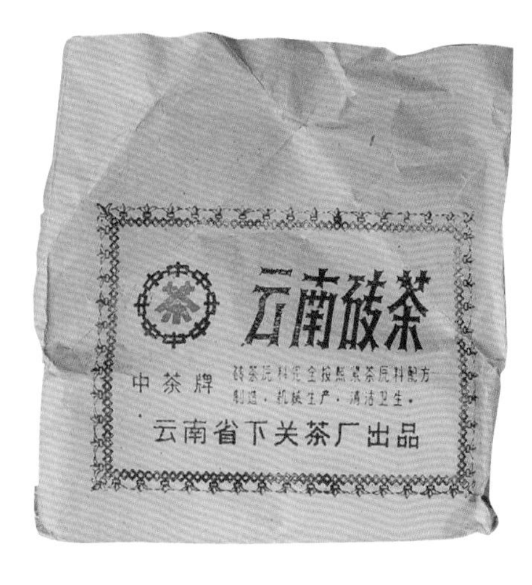

这几年新制的中茶牌云南砖茶

早年的中茶牌下关砖茶

题，销往藏族地区的茶品，就改成砖形的规格型式了。

1986年以后，下关茶厂销藏的茶品，虽然恢复紧茶的型式，但是砖茶的生产却也一直延续下来。下关茶厂出品的砖茶，包装纸上都印有「云南省下关茶厂出品」的字样，大多数没有内飞。

下关茶厂的茶砖，分成「云南茶砖」与「普洱茶砖」两类，前者是晒青毛茶压制，后者毛茶经过渥堆工序，我们可以从外包装纸上明显区隔。文化大革命后，大陆学界一度将普洱茶定义成为渥堆黑茶，我们从下关茶厂生产的茶砖外包装纸上，的确具体看到了对于「普洱」二字的认知。

此外，从下关茶厂的茶砖包装，也可大约分辨出年份，印有中茶牌商标的茶砖，五片一捆，没有内包装纸，是比较早期的产品；较后期的产品改成宝焰牌的商标。但最近几年亦有重新使用中茶牌商标的包装。

除了茶砖之外，下关茶厂也产方茶，有100克、200克、福禄寿喜方茶等式样，只是数量上，无论茶砖还是方茶，都还无法与沱茶相比。

下关茶厂所留下来的样茶，包装特别

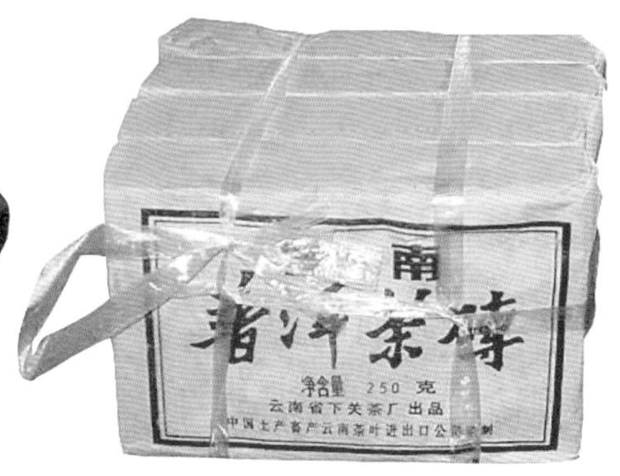

下关茶厂出品的砖茶，如果经过渥堆工序，名称会使用「普洱茶砖」

下关沱茶

1990 年前后下关茶厂的销法云南沱茶

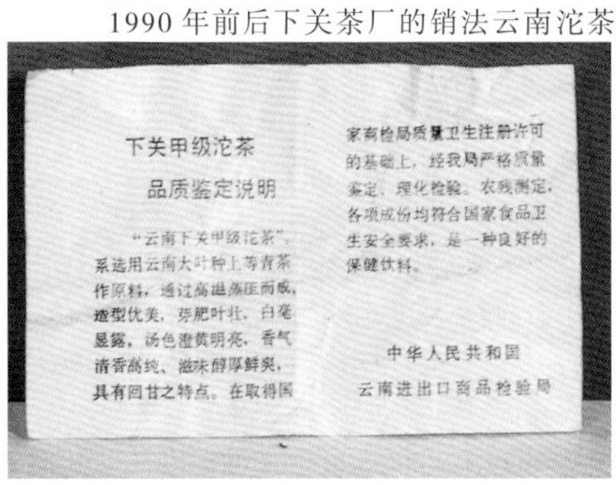

下关甲级沱茶

品质鉴定说明

"云南下关甲级沱茶"，系选用云南大叶种上等青茶作原料，通过高温蒸压而成，造型优美，芽肥叶壮，白毫显露，汤色澄黄明亮，香气清香高纯，滋味醇厚鲜爽，具有回甘之特点。在取得国家商检局质量卫生注册许可的基础上，经我局严格质量鉴定、理化检验、农残测定，各项成份均符合国家食品卫生安全要求，是一种良好的保健饮料。

中华人民共和国

云南进出口商品检验局

APPRAISAL DESCRIPTION FOR THE QUALITY OF XIA GUAN TUOCHA GRADE A

Yunnan Xia Guan Tuocha Grade A:

Prepared from superior large leaf green tea and shaped after being steamed at a high temperature. It features mild nature, stout sprouts and rich white tips yielding a golden fragrant liquor, a full fresh taste and a sweetly bitter flavour.

On the basis of getting a licence of quality and hygiene registration from National Import and Export Commodity Inspection Bureau, all the contents are up to the National Food Hygienic Requirements after a strict quality appraisal, both physical and chemical inspections and residues test. It is a good health drink.

YUNNAN IMPORT & EXPORT COMMODITY INSPECTION BUREAU OF THE PEOPLE'S REPUBLIC OF CHINA

下关茶厂出品的下关沱茶与内票

下关素有"风城"之称，常年清风吹拂，而由于早年生产的茶，大都销往四川叙府（今宜宾）等地，用当地沱江的水泡茶，味道甚佳，因此才形成了「沱茶」的称呼。现代形状的云南沱茶，根据《云南省茶叶进出口公司志》(1993) 的记载：

「创制于清光绪二十八年(1902)，至今已有 80 多年的历史，是由思茅地区景谷县所谓『姑娘茶』(又叫私房茶）演变而成现代沱茶的形状。清代末叶，云南茶叶集散市场逐渐转移到交通方便、工商业发达的下关……」(p.95)

1916 年下关的永昌祥茶号首次仿景谷团茶制成沱茶，取勐库茶香味浓厚，凤山茶兼具外型美观之特点。至于姑娘茶、私房茶的称呼，则大约与当地原住民女子以采茶的工资作为嫁妆有关。而由易武顺着澜沧江一路北上，经思茅、宁洱（普洱)、景谷，一路到下关，再往西进到西藏，是明清以来重要的茶马古道之一，沱茶的发展，也就溯着澜沧江一路北上，汇集到下关，成为最重要的

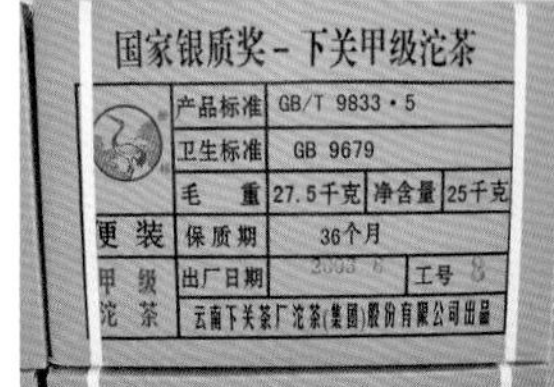

干燥完成的苍洱沱茶

1992 年下关茶厂开始使用松鹤牌的注册商标

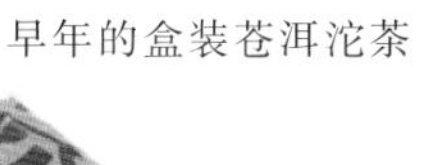

早年的盒装苍洱沱茶

2004 年下关特级沱茶

这颗沱茶是下关茶厂 1956 年的加工标准样（珍贵资料）

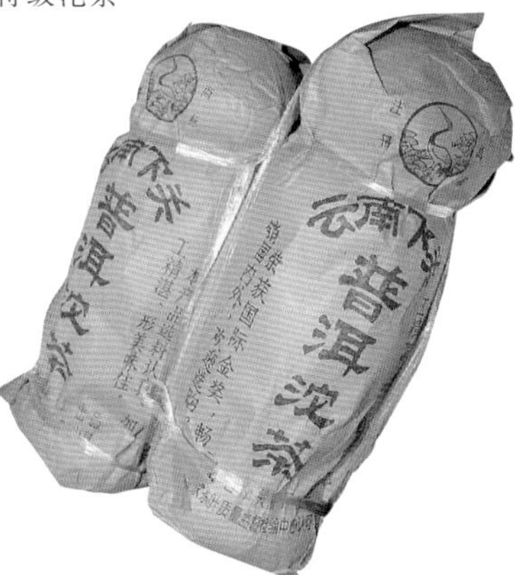

下关茶厂的沱茶亦有渥堆茶品

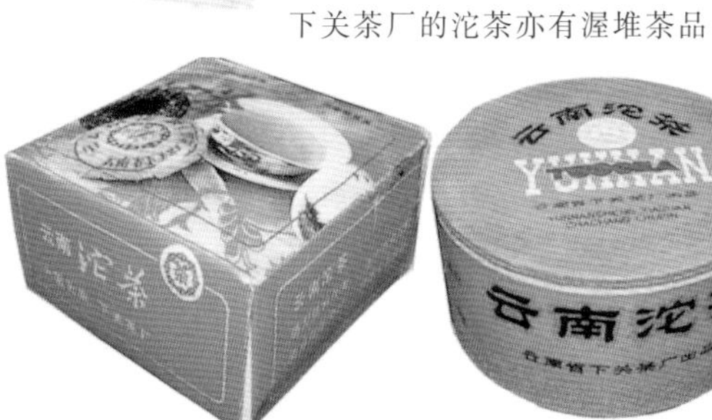

盒装下关金丝沱茶

新的苍洱沱茶包装

盒装下关云南沱茶

集散地。一直到今天，下关茶厂依旧是生产沱茶的主要茶厂。

下关茶厂晒青毛茶来自顺宁区、缅宁区、景谷区、佛海区，依《云南省下关厂志》第83页记载：「下关茶厂加工的晒青毛茶均来自各地州。茶厂根据历年收购经验制定自己收购样茶，在各茶叶集散地进行收购。」不过80年代以后，鉴于市场环境、经济制度的改变，许多茶厂开始建立自己的茶园基地，以调节供需，目前下关茶厂亦有茶园基地数座。

最常见到的下关沱茶，重量为100克，外形呈碗臼状，碗口直径6.2厘米，高4.3厘米。100克的下关沱茶在中国大陆有一定的知名度，1981、1985、1987年分别获得优良产品的奖项。1992年起使用松鹤牌注册商标，1998年下关茶厂的沱茶年销售量达2962吨，产值惊人。

70年代开始，下关茶厂生产另外一种沱茶，专供外销，因此我们特别冠以「下关外销沱茶」的称呼。这款茶1986年3月10日在西班牙巴塞罗那获第九届国际食品汉白玉金冠奖，1987年在德国杜塞尔多夫获第十届世界优秀食品奖。外销的沱茶重量有100克和250克两种，包装纸为亮面薄油纸，上印有「THÉ Tuocha」(沱茶)法文字样，盒装。

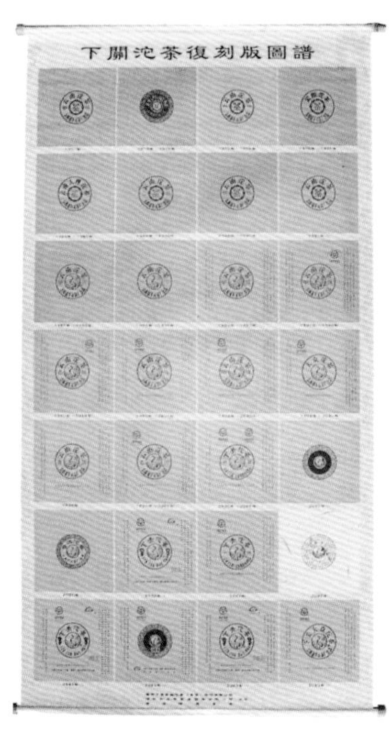

2003年茶商针对下关沱茶包装的历史样式，推出下关沱茶复刻版，图谱立轴

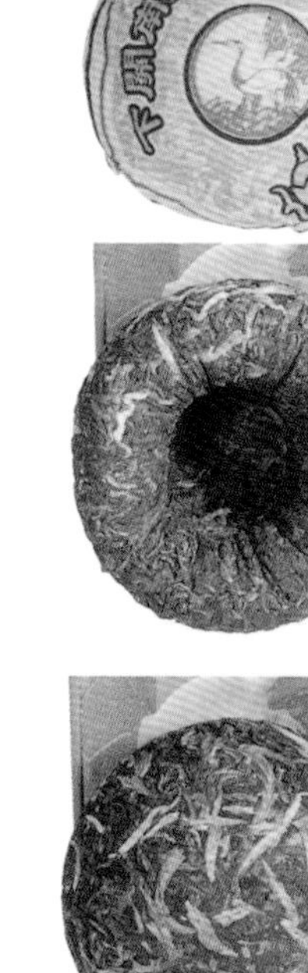
2004年下关南诏金芽沱茶

2003年茶商针对下关沱茶包装的历史样式，推出下关沱茶复刻版

早期销法沱茶的盒子

下关沱茶的箱装

销法沱茶的盒装包装

销法沱茶的盒装包装

下关沱茶有100克与250克两种规格

勐海沱茶

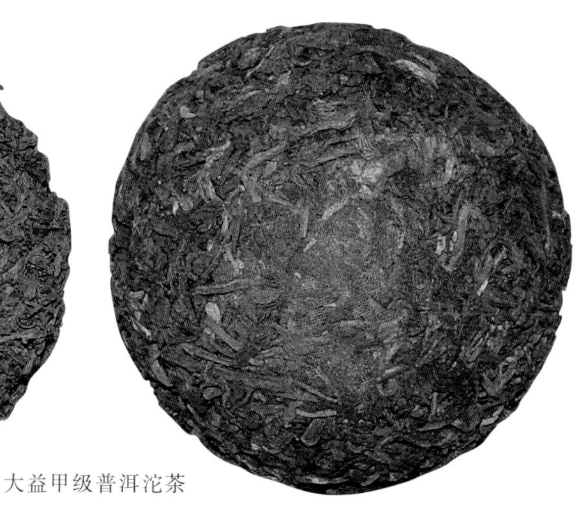

大益甲级普洱沱茶

当我们提到勐海茶厂时，往往把焦点与镁光灯过度投注于所产的饼茶身上，事实上，勐海茶厂持续生产沱茶，而且品质相当优良。

目前市面上可以见到的勐海茶厂沱茶中，以黄印沱茶的年份最老，也普遍被茶人肯定。黄印沱茶之所以被茶商命名成「黄印」，主要还是因为除了造型外，其余条件都与黄印七子饼的特征相吻合，特别是细字尖出美术字内飞，是最明显的识别标记。而根据许多资深茶人的品饮，这款茶的品质也相当被肯定。

黄印沱茶有个有趣的故事。台湾有个茶颠话茶网站，里面的讨论区曾经热热闹闹，2003 年有一个讨论主题，由署名蓝天的茶友，提供了一款茶品的叶底照片，让大家「猜茶」。当初虽然大家都认为

1990 年前后勐海茶厂的云南勐海沱茶
（背面凹窝较大较深）

黄印沱茶被认为是早年勐海茶厂出品的优质沱茶
资料提供　唐美玲

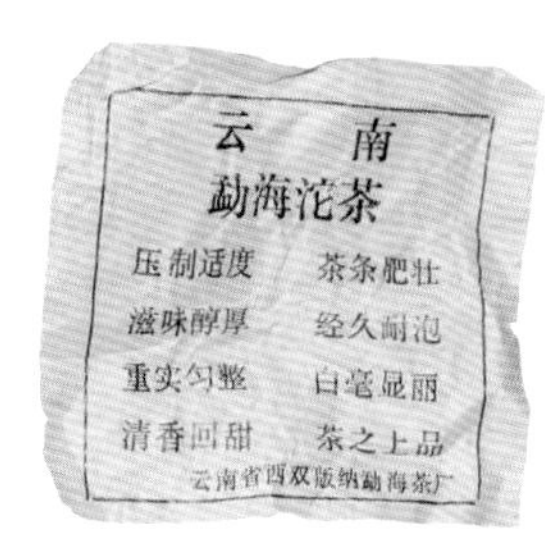

内埋红带的勐海沱茶　资料提供　施文龙

网站上高手云集，但是无论如何仅仅从泡开的叶底要去辨识一款茶品，却被许多人认为是「不可能的任务」。然而当这个主题被打开之后，一篇接着一篇资深茶人的识别密技，直让人惊呼好似刘姥姥进了大观园，精彩的内容毫无冷场。而且更让人讶异的是，最后谜底「黄印沱茶」竟然也给解开了，而依据的却仅仅是叶底的照片。随后，蓝天茶友持续慷慨解囊，提供茶品作为奖励，陆续在这个网站开题猜茶，其它网友也热烈响应，这股猜茶热潮延续了很长一段时间，让许许多多多网友增进了对普洱茶的认识与了解。这是台湾茶人对于普洱茶的「精」，也是对于普洱茶的「痴」。虽然迄今笔者依旧不知蓝天为何人，但是愿意在这里留下文字记录，作为来日历史的见证。

除了黄印沱茶外，勐海茶厂的红带沱茶也是被广泛讨论过的茶品，但是在年份以及真伪的识别上，还待继续研究理清。整体而论，勐海茶厂的沱茶品质优良，有 100 克与 250 克两种，称为「云南勐海沱茶」「云南勐海甲级普洱沱茶」，约 90 年代后使用大益牌注册商标。纸袋包装，每五颗一袋，迄今仍有生产。

内埋红带的勐海沱茶

2004 年的 250 克勐海沱茶

大益牌甲级普洱沱茶有 100 克与 250 克两种

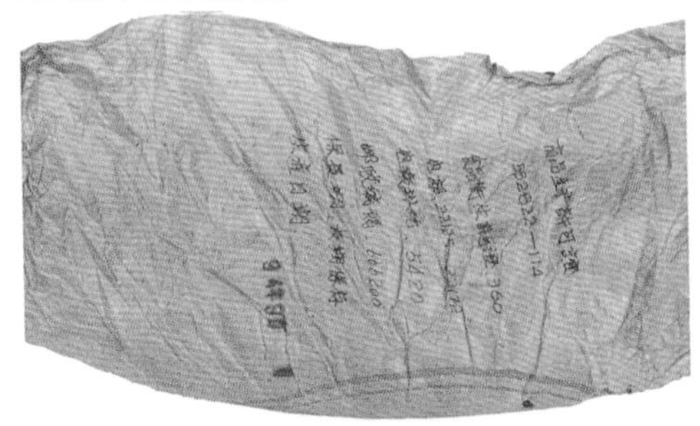

1994 年的大益牌甲级普洱沱茶

凤凰沱茶

渥堆的凤凰沱茶

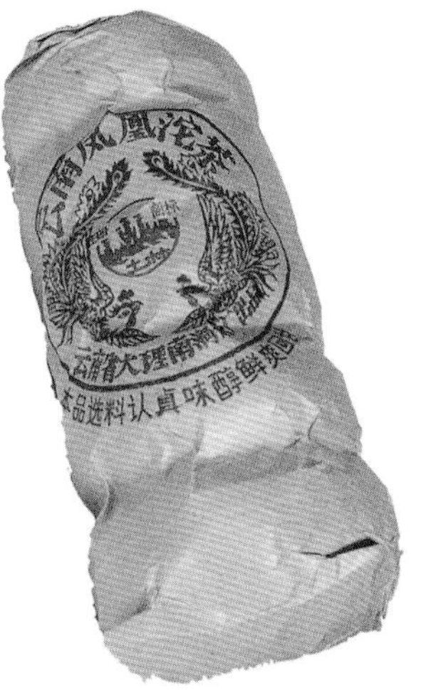

凤凰沱茶五颗一袋

80年代以后滇西地区生产的沱茶，除了下关茶厂的沱茶与临沧茶厂的银毫沱茶之外，南涧茶厂生产的凤凰沱茶，也是目前比较容易在市面上见到的茶品。

南涧位于下关茶厂南方约100公里处，属于无量山脉北麓。1985年南涧茶厂于南涧创设，引进下关茶厂生产沱茶的技术，开始生产沱茶，随后也开始自行生产「凤凰沱茶」。根据笔者访问茶厂老师傅，早年的凤凰沱茶属于晒青毛茶压制茶。

然而南涧茶厂真正制茶的时间不长，茶厂的兴衰也直接与云南地区历史上几个重要的茶叶事件结合。1985年取消统购统销制度，该年南涧茶厂设厂；随后省茶司茶贸中心成立，1989年云南发生抢购茶叶大战，南涧茶厂过度收购高价低档茶，导致毛茶囤积，资金周转困难，营运出现危机，产量就锐减了，1997年底南涧茶厂正式宣告结束。不过随着市场的开放，私人茶厂陆续成立，今天的南涧茶叶公司位于弥渡县，部分员工来自原南涧茶厂，重新生产饼茶、沱茶，其中生产的凤凰沱茶，有生茶工序，也有渥堆工序。

谈到凤凰沱茶的包装，在市场中还是个有趣的话题！原来包装上两只凤凰图案，随着不同时期生产的茶品，可以分成双眼皮、单眼皮、双眉加三发，其中还有包装纸上印着出厂年份的。如果不论茶品，三种凤凰的眼神的确妩媚动人，但是真要追究与茶品的关系，那就有年代、仓储、工序，乃至于90年代中期仿做的问题了。

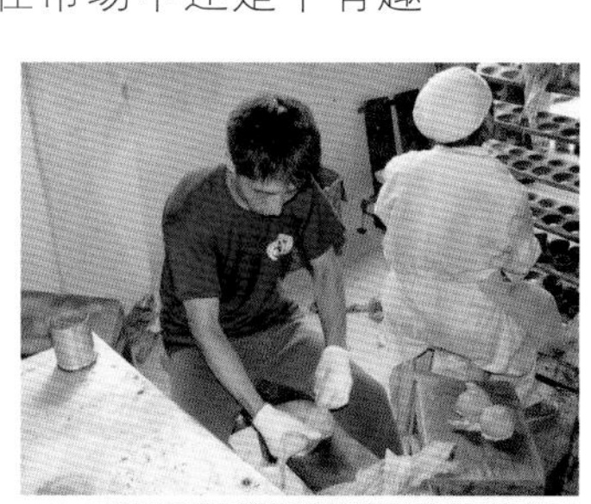

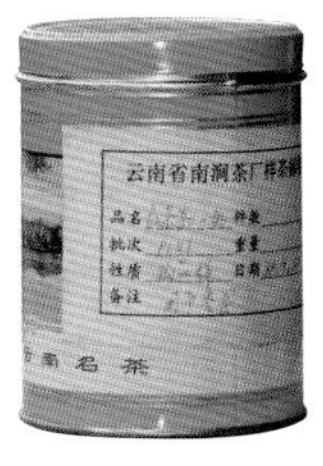

新的凤凰普洱沱茶

宝焰牌云南紧茶

紧茶俗称「蘑菇头」，早年以供应藏族日常生活饮用为主。紧茶最早由佛海一地生产，茶青来自佛海、勐龙一带。目前所能见到的、年代最久远的紧茶是勐景茶庄、鼎兴茶庄的紧茶。根据《云南省茶叶进出口公司志》的记载：「每个净重238克，七个为一筒，用嫩笋叶包捆，每篓十八筒，净重29.98千克。」

下关宝焰牌紧茶　资料提供　下关茶厂

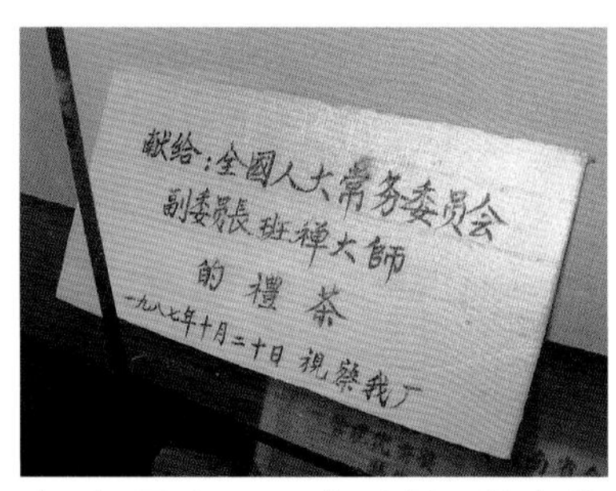

1949年云南省茶叶公司对于紧茶，给了统一的商标品牌：宝焰牌，不论是勐海、下关、景谷、盐津茶厂生产的紧茶，都要埋入一张宝焰牌内飞，各茶厂的内飞文案略有不同。勐海茶厂的紧茶，内飞为正方形，宝焰牌商标下印有「依山设厂、大量制造、份量加重、质量提高」十六个字，但是今天已难觅得。笔者能见到早年景谷茶厂的紧茶，由李希白老师傅之子珍藏，被视为家传之宝。

1987年的班禅礼茶

1986年以后，云南省茶叶公司将紧茶的生产计划拨给下关茶厂，至此「下关宝焰牌云南紧茶」几乎每年都有大量生产。近年新的产品，改以黄纸袋包装，每三个一袋，包装纸印有「宝焰牌」的注册商标，以及「云南紧茶」的品牌名称，中、藏文对照。紧茶内埋内飞，早期与后期的内飞字体与图形都有差异，可以轻易辨识。有些紧茶的毛茶，也经过渥堆发酵的程序。

由于酥油茶中的茶叶必须经过煮沸，与今天我们所提到的「品茶」概念与方式都不一样，因此下关茶厂在毛茶选用的等级上，也有不同的标准。一般而言，紧茶选用较粗壮的茶叶，内部会拼进一些碎叶。

早年的景谷紧茶　资料提供　李文庆

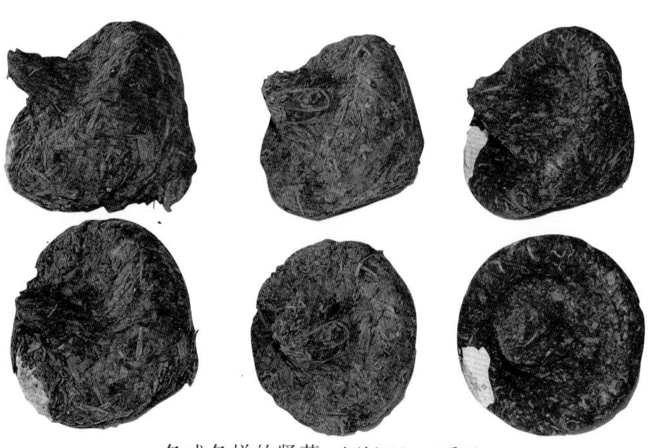

各式各样的紧茶　资料提供　王曼源

普洱方茶

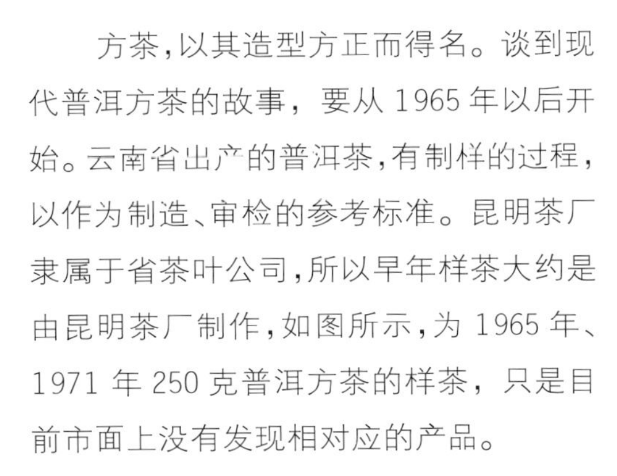

方茶，以其造型方正而得名。谈到现代普洱方茶的故事，要从1965年以后开始。云南省出产的普洱茶，有制样的过程，以作为制造、审检的参考标准。昆明茶厂隶属于省茶叶公司，所以早年样茶大约是由昆明茶厂制作，如图所示，为1965年、1971年250克普洱方茶的样茶，只是目前市面上没有发现相对应的产品。

整理现今所见普洱方茶的资料，在茶厂方面，目前可见到的茶品中，较早期的产品分别来自昆明茶厂、勐海茶厂、下关茶厂等国营茶厂，以及德宏州的南宝茶厂，还有滇西临沧一带的茶厂。目前市面上所见到80、90年代的普洱方茶，大部分为勐海茶厂生产，特别因为仿品不少，所以实际出厂日期，需要靠品饮来鉴别。

勐海茶厂的普洱方茶，重量有100克、250克两种，茶身正反面分别压印着「八中茶」以及「普洱方茶」的字样，较早期的产品也有以井字格图样代替八中茶

80年代勐海茶厂250克的普洱方茶有附内票

与1965年样茶一致的250克勐海茶厂普洱方茶

勐海茶厂100克与250克方茶的比较

80年代生产的250克的勐海普洱方茶

1965 年昆明茶厂的普洱方茶茶样

的。之所以使用井字格图样，是为了较容易剥取。

方茶本身没有内飞、内票，也不是七片一筒的包装，它是一片一片由纸盒单独包装。纸盒正面印着「普洱方茶」以及「Puerh Fangcha」的中英文字样，右上角则是惯有的「八中茶」图样，但字体有多种。背面印着「普洱方茶　茶条肥壮　重实匀整　白毫显美　茶汤清沏　滋味醇厚　清香回甜　经久耐泡　礼茶上品」的简体字样。上方有「方茶」「无」「孔雀图」三种样式，底下则注明「云南西双版纳勐海茶厂产品」。侧上下面印着「普洱方茶」以及「Puerh Fangcha」的中英文字样，侧左右面则印着「净重 100」，也就是 100 克，这是当时印刷的失误，也有些纸盒此行以贴纸更正。纸盒正面开出一个扇形的小孔，透过这个小孔，可以看到饼茶的局部实体。普洱方茶的茶青较嫩，采用晒青毛茶一、二级为原料。

勐海茶厂出产的方茶中，一部分的包装盒上贴了一张卷标，上面注明了制造日期批号、保质期、勐海茶厂的厂址、电话、电挂等资料，其中的制造日期批号，则用手工盖印的方式盖上了生产日期。在这些有贴卷标的茶品中，1991 年 11 月一直到 1993 年 1 月

盖着 1991 年 3 月生产卷标的 100 克勐海普洱方茶

前勐海茶厂卢副厂长赠送笔者的 250 克方茶

盖着 1992 年 1 月生产卷标的勐海茶厂 100 克普洱方茶，里外都用玻璃纸包装

下关茶厂的四喜方茶

这段期间生产的茶品，普遍被认定为茶质优良，因此市面上就有了「九二方茶」通称。

90年代初期，食品需注明保质期的规定刚刚开始在中国大陆推行，九二方茶因缘际会，因此有了这张卷标。不过就如好酒越陈越香一般，三年的食品保质期规定并不适用越陈越香的普洱茶，因此根据老茶人的说法，有时候还有将茶品制造年份故意往前打的情形，这么一来，有些茶品1992年以前就生产了。

九二方茶不但见证了中国大陆食品规章制度的演进，也述说了当时勐海一地电话、电挂等资料，从四码向五码演进的过程不但是一款优质好茶，更是活生生的历史文物了。

省茶叶公司出品的四喜方茶

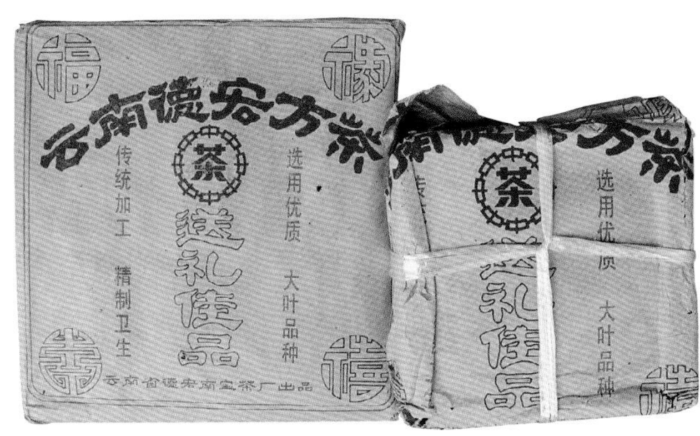

德宏州南宝茶厂的四喜方茶，有大小两种

德宏州南宝茶厂的四喜方茶，明体字印刷背面印有八中茶图样

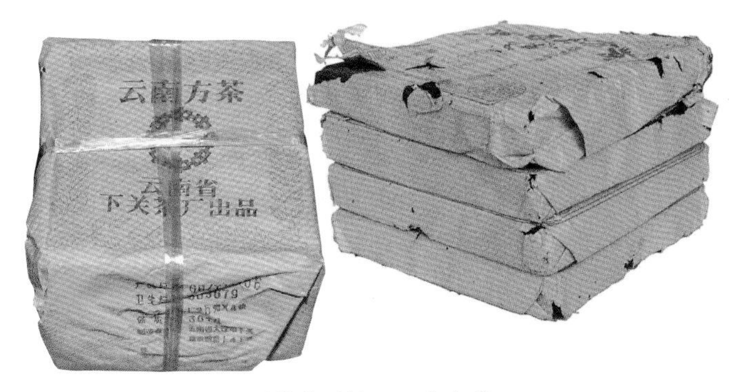

下关茶厂的100克方茶

下关砖茶

下关茶厂新压制的四喜方茶

左侧为下关茶厂生产的方茶，厚度是勐海茶厂生产250克方茶的一半。由于没有在市面上见过这么薄的方茶，所以可能只是样茶

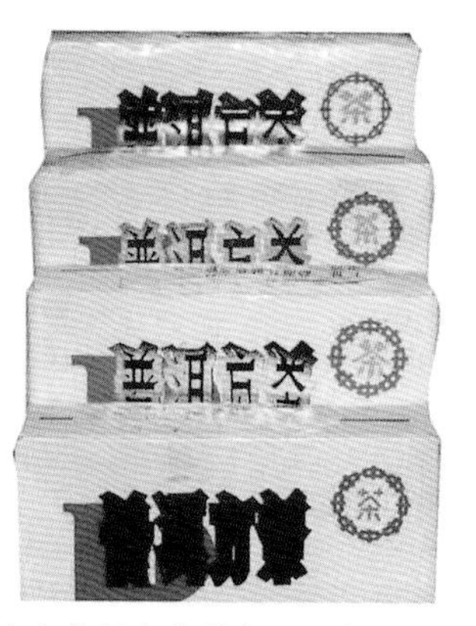

八中茶标志的茶字写法各不相同

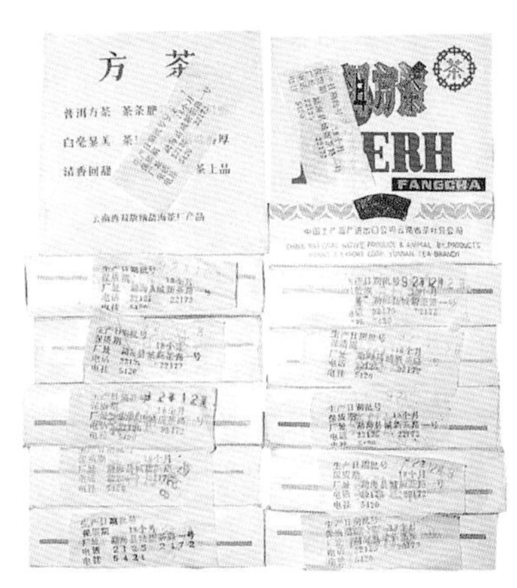

各式各样盖着1992年生产卷标的勐海茶厂100克方茶

贴有省茶叶公司卷标的四喜方茶　　资料提供　曾志辉

勐海茶厂100克方茶包装盒的背面至少有三种样式

勐海茶厂的100克方茶，背面分成十六格　　资料提供　曾志辉

临沧茶厂也曾试压过100克方茶　资料提供　艾田

早期勐海方茶

如何选购乔木级普洱茶

挑选优质晒青压制茶的新茶时，不能把七子级普洱茶的挑选方法直接搬移过来，必须调整一些观念与方法，以因应时空环境改变，所造成茶品各方面的差异。

挑选的意义，就在于从众多数量的茶品中，筛选出品质较好的一小部分。当然，精品一定是少数，商品货绝对占大多数的数量，这是放诸任何商品都不变的道理，茶品自然不能例外。所以只要是一般的商品货，就不需要挑选了；如果想从诸多茶品中选出精品、极品，那么就必须建立一些挑选的标准。这个标准就是云南、大山、乔木、大叶、樟林、生茶、古法、干仓。

好山好水（云南、大山）

云南的地貌分成东部的高原与西部的横断山区。这些地形的山与谷相间、南北纵列，由西北逐渐向东南下降。今天我们所熟知的著名普洱茶产地，大部分是断裂带中朝南开口的河谷盆地周围丘陵山区。

从水系来看，云南的产茶地区几乎都属于澜沧江流域。自青藏高原发源的澜沧江，呈南北走向，高度往南一路递减，河谷盆地也渐开。茶区北方的大理在狭长的洱海西南端，由此顺流而下经过保山、南涧、顺宁（凤庆、凤山）、勐库、缅宁（临沧）、景谷、宁洱（普洱）、思茅与江城等地到了最南的勐海和易武。澜沧江在云南省境内经过这些产茶区后，从西双版纳自治州的勐腊县流出边境，改称湄公河，经过缅甸、泰国、柬埔寨和越南，流入太平洋南海。

大渡岗茶园

云南独特的好山好水，搭配特殊的气候，形成了茶树生长的绝佳环境。云南地区的气候，十一月到次年四月，吹干燥的西南风，天气干燥晴朗，日照充足，相对湿度低，形成干季。春秋两季温度高、湿度大，随着暖湿气流的到来，雨季就开始了，由于特殊的盆地地形，聚热、散热都比较不易，加以昼夜温差偏大，使得盆地里整个早上经常笼罩在一片迷雾之中，调节了温度的变化，也减低日照直射的机会。

而在复杂的地形和气候的因素影响之下，云南的土壤呈现多样化，其中茶树生长的砖红壤的土壤区，通常表面都覆被一层很厚的腐殖土，有些地区的腐殖土经过千百年的累积，深度甚至超过1米。正因为湿度偏高、养分充足、温度与日照适宜，使得这些河谷盆地，形成绝佳的茶树生长环境。云南能生产如此高质量、风格独特的普洱茶，我们不得不说，是上苍对云南子民的疼爱了。

砖红壤的土壤区（景洪附近）

大树茶园(乔木、大叶、樟林)

大树茶园的茶青不一定就好,但是优质的茶品多数来自大树茶园,却是一个客观的统计资料,也有些理论与实际的证据。本书也认为,挑选优质晒青压制茶,应该要选择大树茶园的茶青。

但是什么茶树才是「大树茶园」?「野生、大叶、乔木」是不是可以和大树茶园画上等号?而生态茶园、有机茶园、绿色食品与大树茶园之间又有什么关联? 我们一项一项来讨论。

先看「野生」一词。其实茶树野生与否,对于挑选茶叶而言,实在没有太大的意义,理由在于野生一词的定义不明,又被过度混乱使用。那么什么是野生茶树?严格说来应该是那些生长在原始森林内,与诸多植物混生,而且成长过程中完全没有经过人为干预的茶树,这些茶树数量稀少而树型高大,有些甚至高过数十米,这样的茶树要怎么采收茶叶? 市面上怎么可能有众多采自这种茶树的茶品? 显然市场上的野生一词另有所指。而这类真正的野生茶树,还是交给生物学家去研究吧!

大叶种的茶树

什么是「大叶」?应该指茶叶的叶形与表面积而言的,但以云南当地的环境气候而言,本来茶树就是朝大叶方向演化的,识别的意义在于同中求异,所以云南出产的茶品标榜大叶,对于品质实在没有什么影响,从这个角度来看,生长在云南的小叶种茶树,反而更有特色了。

至于「乔木」一词的使用也同样让人困惑。依照植物学的分法, 乔木与灌木的主要区隔在于主干与主根的有无。套用到茶树上,那些采用无性扦插、人工育种的茶树,通常没有主干,也没有主根,也就被称为灌木;依此标准,那些以种子繁殖的茶树,不论是密植的茶园茶,还是野生的高大茶树,因为有主干、主根,通通都是乔木了。自然茶品的品质,不能以这个标准来论断。

那么到底什么是大树茶园? 原来这里指的大树茶,并不从野生型、过渡型、栽培型等植物分类学的角度去做区隔,也不是从茶树的年龄、品种去做分别,而是从茶树的高度、土壤成分、采摘情形、周遭生态、种植方式等作为整体观察的。

茶树用枝条扦插繁殖, 属于无性繁殖

区隔大树茶园,要从云南的茶叶历史发展来看。云南的茶业已经有数百年的历史,20 世纪 50 年代以前生产的茶叶,大部分都是大树茶园生产出来的。因为云南地广人稀,茶树的株距拉得很大,每株树分配到的土壤养分就比较多了。其中管理凿痕不明显的茶园,不但成了某种程度的「野放」,茶树间也长出其它植物,例如樟树,而接近自然的生态,也因此带有了特殊的茶香。这种接近自然生长的茶树,一定是往高处发展的,茶农

到了采收茶叶的季节，有的茶叶超过两米，实在太高了采收不到，就有爬树或借用梯子采茶叶的情景。人为管理凿痕比较清楚的茶园，为了方便采收，茶树一开始生长就摘除芽头，几次摘除之后主干就不明显了；而且茶农也不会让茶树一直往高处长，而形成一种所谓「矮化的乔木茶树」，大约就是采摘顺手的齐胸高度吧！

除此之外，一般而言，植物位于土壤表面的茎叶有多高、涵盖面积有多大，相对地底下根部也就有多深、多广。茶树较高的根也较深，土壤中各层次的养分都能吸收，品质就比较好，但是采摘困难，产量也少。

50年代起，因为历史的因素，许多这种茶园都被砍掉了，特别是70、80年代，为了增加产量，开辟了许多新的密植茶园，这些茶园不论播种还是扦插，基本上是朝「产量大、方便采收、品质高」三个方向进行的。一株茶树的产量要大，需要靠育种、选种，找到叶面大、生长快速的茶树品种，并且在单位面积内尽量密植，这种所谓密植速成高产的新茶园，每亩种茶达三千到五千株。而要茶叶生长快速，必须供给足够的养分，特别是单位面积植株过多时，人工施肥就更为必要。至于要方便采收，就必须将茶树的高度矮化，朝向灌木的型态发展了，所以也有人称为「灌木茶园」。现代密植的茶园茶树，因为矮化，茶树的根多分布在土壤的表层，养分的吸收也就受到局限。七子级的普洱茶，多以这类茶园的茶树为茶青。

这些新的密植茶园，许多开始出现土地超负荷使用而渐趋贫瘠化的现象，也有因为早些年不当使用农药与化肥，而使土壤生命受损的情形，现在云南的茶农普遍开始注意到这种情形，也开始有一些补救的措施，例如绿色食品、有机茶园、生态茶园等，都是因应的对策。

什么是绿色食品?所谓绿色食品，指的是从产品经过检测后，所残留的非作物本身的化学物质，不论是农药残留、化学肥料、有机肥料等都符合所规定的标准，所以基本上对人体健康是无害的。至于有机茶园，则是标榜茶园中不施打农药与化学肥料，茶树养分的来源是如豆粕之类的有机肥料。至于生态茶园，除了有机茶园的标准之外，另外茶园中还间种植了其它原生种植物，使得茶园的生态更接近原始自然，不过不同茶园种植的种类与数量也有差别就是了。

有一种改良茶园，是砍去部分原先密植茶园的茶树，加大株距，并且让茶树长高一些，而且不再施打化肥与农药，这种做法对于茶叶的品质提升应该是正面的。但是这

种茶园中的茶树，适不适合称为「大树茶」呢?

其实大树茶也不是品质的绝对保证，因为这两年陆续发现也有茶农对大树茶施有机肥，甚至也有使用化肥、农药的传闻，所以大树茶的茶园如果管理不当，没有永续经营的观念，品质也有可能比密植茶园的茶品还差。茶树也是植物的一种，植物生长在自然环境中，有它简单不过的定律，由此去推论茶叶品质的好坏，其实并不困难。

回到最实际的问题，我们是不是能够透过一些方式，判断不同茶树制成的茶品之间的差异呢? 一般说来，我们可以从品饮与叶底来判断。许多大树茶的叶底，茶叶比较厚，而且叶脉突出明显，叶背绒毛较多，特别是嫩芽部位的绒毛更密集，通过多方面的比较，就能逐渐分出其中的差异。

至于品饮，如果是大树茶的茶叶制成的茶品，品饮时茶汤带着一种特殊的「**高香**」，这种高香犹如登上高山时开阔旷野的新鲜舒爽气息；其中更有部分茶品还带着特殊的「**樟香**」。可惜除非多尝试比较，依赖文字很难有更具体的描绘。比较具体的方式，是茶汤在舌面上的反应，如果茶叶内含人为加诸的肥料，舌尖会有明显的刺激渗透感受，反之如果这种刺激渗透的感受往舌根跑，那就是优质的大树茶茶青了。

晒青低温(古法)

遵循古法并不是绝对的标准，但却是风险最小的选择。制茶工艺是一门专门的学问，技术是在常年累月的经验中不断改进而成熟的，云南制茶的技术已经传承了数百年的历史，每一个细微的步骤、每一件不起眼的工具，以及每一点看似多余的要求，也都有它的道理，不该被忽视掉。如果能依循着传统的制茶技术来制茶，茶品必然也就带着一代代制茶师父累积的丰富经验，好茶理应如此。

但是当我们进一步追问，古法为何? 答案竟是意外地众说纷纭到让人有些尴尬了。为什么? 主要的原因，还是在于技术传承上的断层。几年前的易武有个现象，由于时代的因素，那些老字号茶庄的后代都不再做茶、办茶，制茶师傅则远走他乡或凋零迨半，所以当20世纪90年代中期，台湾茶人走进易武乡询问制茶方式时，易武人脸上写的竟是出人意外的陌生表情。于是当市面上的茶品，相关说明介绍文字在强调「**遵循古法**」时，我们就要怀疑，这个古法指的是什么法了!

既然古法流失了，我们只能从硕果仅存的几位老制茶师傅身上，再去拼凑可能的完整图像；只能重新累积经验，再次寻求还原古法的可能；只能从现存的老茶品身上，去推论当年可能的制茶方式；也只能从文献典章中，去考据已经失传的制茶技术了。

晒青指茶叶锅炒揉捻后，需在太阳底下摊晾，将茶叶晾干，才算完成毛茶制程。一般私家茶园因为产量不大，大多将茶叶摊在箥笆上摊晾，晒青茶有一种无可取代的「太阳味」，不难判别。这个步骤比较大的问题，是气候变因与环境卫生，如果茶叶采收后遇到连日下雨，是不能一直放着不处理，任其萎凋的，这时私家茶农只好用锅炒后用火将茶叶烤干了，茶叶中如果出现烟熏味道，部分源于此。至于制茶环境的卫生条件，也许是迈入发达国家最大的隐忧吧，这恐怕还需要政府部门的监督与规范。

如果大规模茶厂的茶园，因为面积辽阔加上采摘时间集中，有时候天气未必配合，这时候就只好用人工的方式烘干。烘房中通常有输送带，依照一定的温湿度与速度控制，茶叶走完输送带，也就等于烘干完成了。烘干的时间如果太长，或是温度太高，茶叶整个品质会产生变化，转向「绿茶化」的「烘青」特质；茶品蒸压成型后，有一道干燥的手续，也会遇到同样的问题。烘青茶的茶汤清香水甜，但是比较淡薄不耐泡，而且应该趁新鲜喝。

要避免晒青茶性质改变，整个制茶过程的温控就非常重要，最好的情形是都不要出现高温。因此锅炒的温度火候与时间要特别留意，晒青时间也要控制得宜，蒸气蒸软的时间要掌握，最后干燥时也要谨慎。依据笔者参访的经验，有些精制茶厂设有烘房，但是烘干的时间与温度却不相同，导致市面上流传着某些茶厂茶品已经转向烘青茶特质的说法，需特别留意。

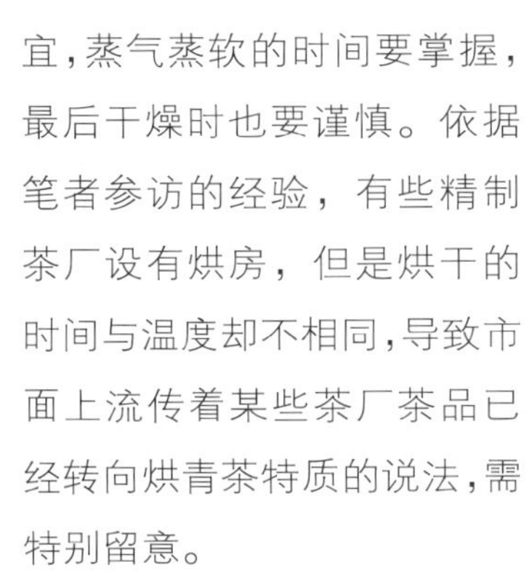

有的精制茶厂规模较小，则干脆也不做最后一道烘干的手续，蒸压成型解袋后摆在

架上自然阴干，这是最保险的，但是气候的不稳定就成了最难掌控的变因，也导致饼身中央容易生长绿霉。5—10月是云南的雨季，有些茶厂配合自然气候，这段时间就不做茶了，也因此从 11 月到翌年 4 月，反倒成了制作茶品的主要月份。

还有茶厂的茶品是包装完成后，连着竹壳一起在太阳下晒干，据说也是古法，但似乎有「蒸茶」的隐忧，至于后续转化的情形，是值得追踪观察的。

不过到底哪一种制程，最有利于普洱茶后续的陈化呢？哪一种方式才是真正的古法呢？或许目前为止还没有任何人能有精准的答案吧！我们只能继续观察茶品的变化，若干年后让茶品自己说出最后的答案了。

石模压制（古法）

遵循古法的另外一项工具就是石模。茶饼的形状是由压茶模具决定的。我们可以先分成木模、金属模、石模。早年的砖茶、沱茶、紧茶多使用木模，运用人力与杠杆原理，将装布袋后的茶压紧，勐海茶厂员工俗称为这种茶为「屁股茶」，就是人必须坐在压茶杆子上来压茶的意思，分辨这种茶不难，因为这样压出来的茶，受力难免不均，每个茶的形状都有些许差异。

现代制茶多使用金属模具，类似工业用冲床。使用金属模具压茶迅速，产品规格统一，以饼茶来说，外观几乎接近正圆形，厚度也均匀一致，而且饼身比较坚硬，很容易辨识。使用金属模具，一般而言是为了增加产量。

至于石模是早年机械动力不发达时，为了增加压茶的重量，所使用的一种模具。使用石模压茶时，人站在石模上面，身子依一定方向、程序、时间来旋转扭摆，俨然一门学问。这样压制出来的饼茶，每一饼的形状以及饼身不同部位的厚度略有不同。由于普洱茶有越陈越佳的特性，而且优质的老茶也证明了这个事实，连带制茶方式也吹起一股复古风，这几年在易武一带有许多石模压制的茶品，不但讲究石模的形状、重量，有些连压出茶品背面凹窝的深度、大小、形状都锱铢计较，也成了一门学问。不过到底金属模具机器压茶与人工石模压茶，两种不同方式对于茶品的品质是不是有必然的影响，可能还有待茶叶后续陈化多年后，才能给我们答案。

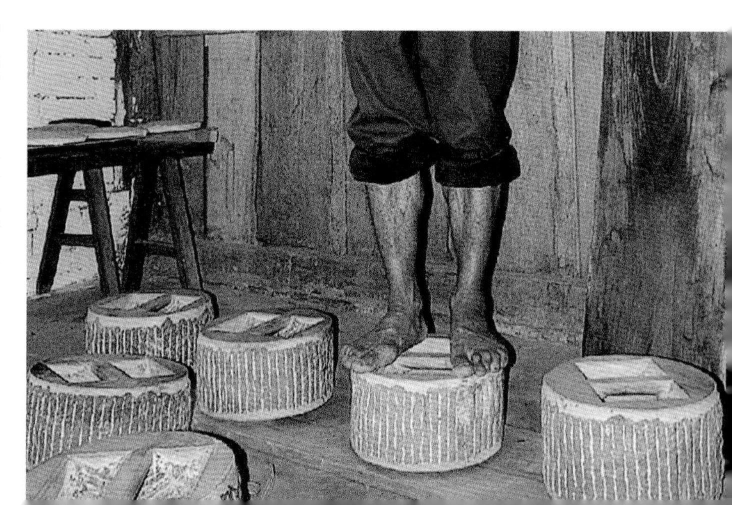

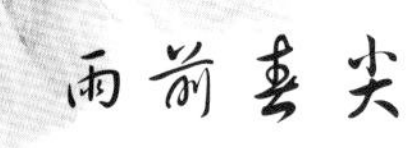

雨前春尖

从季节上来看，许多号字级饼茶的内飞上都写着「雨前」：雨季来临前，选用春天第一批茶青应该是一个共识。雨季以前摘采的茶叶，因为茶树经过一个冬天的养分储藏，到了翌年春天，茶叶所含的养分最丰富。只是随着每年气候的变化、雨量的多寡、茶区纬度土壤的差异等，还是有相当的变量在其中。

也有人认为谷花秋茶是不错的选择，这是从品饮中认定的。至于夏季因为雨量较多、气温较高，所以茶叶生长迅速，相对茶质就较淡薄，而且茶汤容易导致喉头干、燥，一般来说等级是较次的。

选择雨前春尖的茶品，虽然是一件简单的事实，但是除非饮茶的个中老手，否则实际上不容易在挑选茶品时实践。主要的问题在于只能从口感中去判断，也就成了只能依靠「口传心授」的个别教学了。更有甚者，如果茶农或精制厂将前一年的毛茶与今年的春茶混拼，那么要如何区隔茶叶采收的季节？

单一级数

七子级的普洱茶大多经过拼配，但时至今日，时空环境都已经改变，茶品的拼配已经不用在级数上做文章，所以应该使用单一级数的茶青。如果选用最优良的茶青，茶品的里里外外品质与品相应该一致，里茶不该包入档次较差的茶青，面茶也不用铺芽头装饰。

这种单一级数的茶品在鉴别上并不难，因为我们只要将茶饼的正面与反面相互比较，看看茶青外观是否一致，大约就可以区隔了；否则，从冲泡后的叶底也可以看出。比较困难的是，有些茶饼中央包了档次较差的茶青，甚至将不同档次、季节、茶区的茶混拼在一起蒸压，那要如何识别？笔者的经验，在试喝的时候，要求茶行取茶饼中央的部分来冲泡，这样喝出来的品质，应该是这饼茶最差的表现，如果最差部分的表现都很好，那么其它部位应该就没有问题了。

不过这里所谓的单一茶青，是就级数、季节、茶园说的，有的茶饼为了取得比较多变化的口感，会刻意去拼配不同茶区的茶青，严格说来，这类茶已经不算是单一茶青，但是如果拼配时使用的是各茶区最好的茶青，那么这饼茶的品质还是相当精优的。所以优良的茶青才是本，单一级数茶青只是鉴别的手法，读者切莫本末倒置。

条索肥实

普洱茶需要经过长时间的后续陈化，所以采茶制茶之初，茶叶内含物质一定要丰富，也有人说茶质厚重，才有后续陈化的机会。如果一泡新茶都不耐泡，而且口感淡薄，那么茶叶还没经过时间的考验，茶质就流失大半了，自然也就没有后续陈化了。

试喝还是主要方法，但是单从饼身来观察，也可以看出一些蛛丝马迹，那就是条索肥实。条索肥实的茶青，叶面的厚度比较厚；如果从枝条来看，断面呈现浑圆饱满状。

枝条过长，或许与品种有关，但是主要还是茶叶生长过快的结果。通常气候温暖潮湿、纬度与海拔越低的地方，植物生长得较快。从地理环境来说，越南、泰国的茶区更接近这样的条件，也因此倒成了识别「边境茶」的条件之一了。有些边境茶品，条索不但细长，而且内含物不够丰富，蒸压的时候容易被压扁掉，枝条中央呈现下陷凹沟。

边境茶不一定不好，六大茶山的茶也未必绝对优质。更何况在滇南的边界，例如江城、勐腊等地，有些茶区是与境外他国绵延相连的，硬要用人为的行政区域来划分茶叶的品质与价值，有时候并不切实际。

一心二至四叶嫩叶开面

面对新的茶品，我们认为应该要挑选最优良的茶青，但是所谓最优良的茶青，到底是哪一种？这点在认知上，云南当地的茶人与台湾的茶人是有差异的。

在云南，芽尖嫩叶才是极品，这从清朝当作京城供品茶时就是这么认为的，一直流传到今天也没改变。不过过完年后茶树第一批冒出的芽尖嫩叶，一般会拿来制作极品绿茶尝鲜，我们见到的碧罗春、龙井茶 …… 就是最好的证明；那些需要经过长时间后发酵的普洱茶，是不是也使用这种茶青？有待观察。指标性的茶品，可以参考 7532 七子饼这个系列。

台湾茶人的认定，是根据品饮经验来的，那些流传在茶人间的极品陈年老普洱，例如车顺号、福元昌号、乾利贞宋聘号、同庆号、红印圆茶……，从条索粗细来看，几乎都不是细嫩的芽尖，如果再配合今天云南当地茶农采收的标准来看，反倒应该是一心二至四叶，嫩叶开面了。由于这种茶青有实际的老茶品可以证明，相对风险较小，所以也是本书的主张。

品饮定论

笔者谈论七子级普洱茶时，一再强调一款茶品的好坏，必须靠品饮来决定。面对 20 世纪 90 年代后期以后的茶品，由于同质的印刷材料容易取得、制茶技术开放、茶叶市场开放，加上新茶有时候差个两三年，未必容易识别，造成想要通过茶品周遭的附属物品来识别茶品，失误的可能性增加不少。由于新茶的价格都还在一般消费者可以负担的范围内，实在不必要冒这种风险，所以我们在本文的最后，还是再次强调，新茶茶品的好坏，一定要从茶品的本身来鉴别，而多喝多比较，依旧是不二法门。

乔木级茶品录

云海圆茶

一代云海圆茶：勐海茶区（外包装）

（正面）

（背面）

1993 年 4 月 4 日，第一届中国普洱茶国际学术研讨会在云南的思茅举行，当时台湾的邓时海教授与会并且发表论文，文中提出了几个观点：越陈越香、级次纯正、日凋生茶、乔木茶树（该文后来亦收于《普洱茶》一书）。由于当时云南地区茶人普遍认为普洱茶必须经过渥堆发酵，这种看法与台湾茶人的认知经验有相当落差，因此邓时海教授就与云南当地茶人谈起制作一批传统普洱茶的构想，这就是后来的云海圆茶了。而之所以称「古云海」，「古」指的是传统古法，「云」指云南，「海」则是勐海。

纯乔木茶青的云海圆茶，在 1994 年夏天诞生，以古云海茶庄出品，1995 年正式在台湾上市推出。由于只是实验性质，因此只有一批，数量也不大，但却是以当时台湾人对于优质普洱茶的认定标准为依据，以「大树茶」晒青茶为原料，循传统制造圆茶的工序，制成的「乔木青饼」。

云海圆茶恰好位于七子饼时代的终端，百花齐放的新茶起点；而制茶思维也是临界「灌木茶园茶」重新回顾重视「乔木老树茶」，以及渥堆工序与传统生茶工序辩证的起点上，因此具有相当特殊的时代风格，茶品本身的历史意义也就特别显著与重要。

这款茶品一共有两种形式，其中一款中央有个方孔，这方孔饼茶除取《易经》的方圆思想外，也

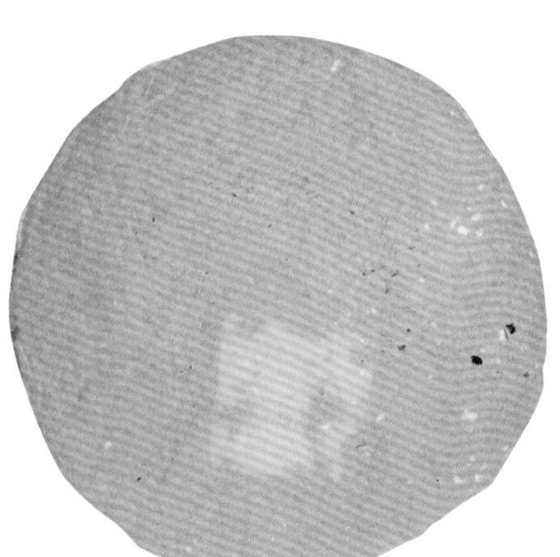

一代云海圆茶：思茅茶区（外包装）

（正面）

（背面）

二代云海圆茶：古城饼（包装） （正面） （背面）

二代云海圆茶：古山饼(正面) （正面） （背面）

是为了在模具上，与其它茶厂有所区别，原料则是来自勐海地区南糯山的乔木春茶。至于另外一款则选择了思茅茶区景迈山的乔木春茶，两种茶的重量都是400克。包装上，饼茶用白棉纸包装，方孔饼茶用当时一般七子饼的包装纸包装，没有内票。这批茶后来几乎都进了台湾，由少数人收藏。

随着时序的演变，云海圆茶已有十年的陈期了，茶汤明显地转栗黄而栗色，冲泡时一种旷野高山的香气溢满唇齿间，茶质也厚重，已经逐渐进入可以品饮的阶段了，它可以说是现代普洱茶复古的先锋，因此每一个阶段的转化都受到茶人们的深切的关注。是不是再过半个世纪，云海圆茶就要等同红印圆茶，直追同庆号圆茶呢？且让我们拭目以待。

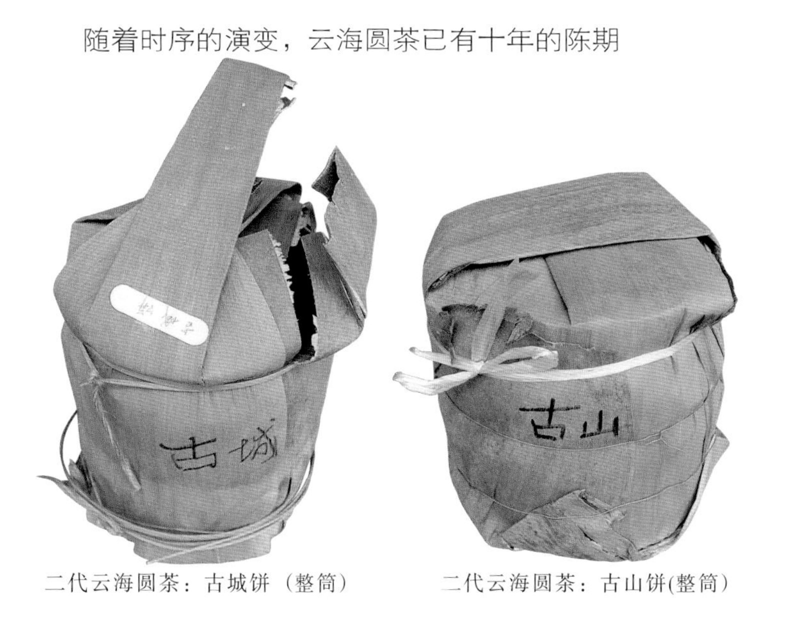

二代云海圆茶：古城饼（整筒） 二代云海圆茶：古山饼(整筒)

古云海茶庄

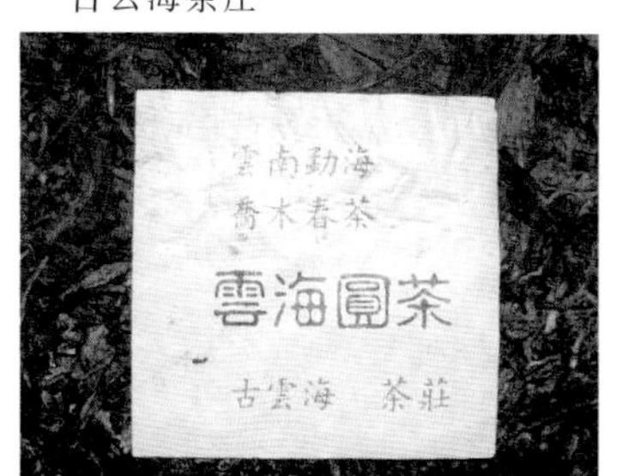

云海圆茶的内飞

真淳雅号圆茶

真淳雅号饼茶正面

当普洱茶的名气在大陆尚未打开的年代，吕礼臻、陈怀远、吴芳州、曾至贤等约二十位爱好普洱茶的台湾茶人，在1994年昆明举办第三届国际茶文化研讨会结束之后，8月22日悄悄改变了行程，南行跨过澜沧江，来到鲜为人知的易武乡，开始了普洱茶的寻根之旅。

清朝，易武乡曾经那么繁华过！因此当这群台湾茶人站在易武四方老街上，将自家珍藏的老字号福元昌号、宋聘号、同昌号、同兴号等圆茶，与周围一栋栋古茶庄建筑物连结起来时，那份喜悦真是外人难以体会、笔墨难以形容的。

真淳雅號

易武正山

普洱圓茶

易武正山普洱茶聲譽
久為中外人士所稱讚
本號特親赴雲南易武
揀選普洱貢茶原料
春蕊細嫩尖葉青毛茶
以傳統手工精製而成
色明亮香清雅味淳厚
皆出自天然絕無參假
請認易武老街圖為記

丙子年春
真淳雅茶苑 謹啟

真淳雅号筒飞

自此以后，这群台湾茶人以朝圣的心情，一年又一年、一次又一次踏上滇南的旅途，甚至徒步翻山越岭到达人烟稀少的倚邦，足迹踏遍了六大茶山的每个角落。

其中最具体地呈现，就是2001年在台湾出版，由记者曾至贤整理著作的《方圆之缘——深探压紧茶世界》这本书了，只要是想了解早年普洱茶在六大茶山历史演变的朋友，应该都不会错过这本书。

但是，对于那些老字号普洱圆茶内飞、内票上所写的诸如「本号精选易武正山雨前春尖……」之类文字的饼茶，追溯到几十年以前时，到底指的是什么样的制造工序和茶叶原料呢？

就在这种好奇心和追根究底的精神驱动之下，当1995年吕礼臻、何健等台湾茶人再次造访易武时，除了茶历史的寻根外，寻找易武传统的制茶技术，让「易武正山普洱圆茶」能够再次与世人见面，也成了目的之一了。

然而这个心愿并不是那么顺利，因为当时那些老茶庄的后代，早已经不再做茶，询问相关传统的制茶技术，所得也残缺不全。有幸易武乡前乡长张毅先生当时对于重现易武普洱茶的历史相当热心，而且富有强烈的使命感，因此在台湾茶人离开后，就设法找到了几位仅存的制茶老师傅，重新开始研究制茶的技术，1996到1997年间陆陆续续研究，制出了「真淳雅号圆茶」。

虽然还带着些许实验性质，也带着当时这群台湾茶人对于普洱茶的主观认知，然而无疑地，这批茶品的选料是最精华的，加工工序也是当时认定最接近古法的，因此与云海圆茶一样，都是当代普洱茶复古的先锋，也是相当具有指标意义的茶品，受到许多茶人的关注。

这批茶在2000年离开易武，到达香港、台湾、韩国等地，目前只有少量流出市面，等到哪一年正式「开仓」时，必然是普洱茶界的一件盛事吧！

云南陈香圆茶

陈香圆茶的鉴宝证书

一代陈香圆茶

谈到对滇西普洱茶的认识和研究，大约无人能超越昆明百茶堂主人艾田了。由于艾田的父亲是临沧地区的主管农业的副书记，加上自己对于茶叶的喜爱，从小耳濡目染，与茶叶就结下了不解之缘。如今登上百茶堂的二楼，面对琳琅满目、各式各样、各个年代的茶品，除了惊讶与赞叹之外，也可以说是他长久用心努力的最好证明了。

怎么会想到制作「云南陈香圆茶」呢？原来艾先生长年以来一直饮用七子饼熟饼，但是或许是自己的品饮标准逐渐严苛了，到20世纪90年代中期，对于市场上现有茶品的表现越来越不能满足，于是才想到干脆自己来开发茶品，也就是第一代的云南陈香圆茶。

这款茶品经过适度的渥堆发酵，茶汤具有浓、醇、稠、甜、香的特色，特别是那种如红豆汤般的沙质浓稠口感，让人自然就回忆起银毫普洱沱茶。临沧茶厂于1996年结束，云南陈香圆茶从1995年开始试压生产，作为临沧地区的承先启后茶品，当

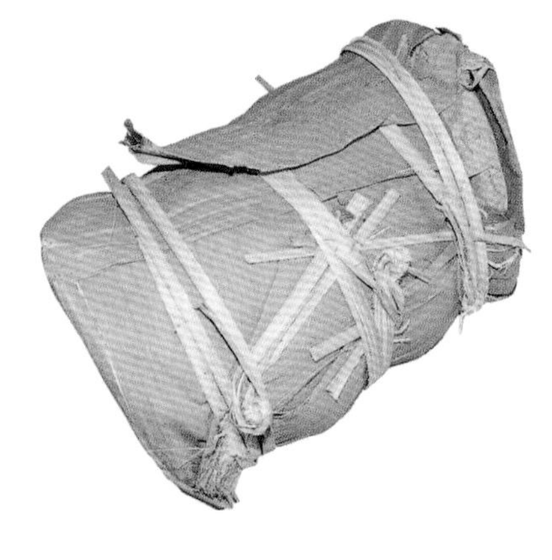

一代陈香小圆茶

之无愧。

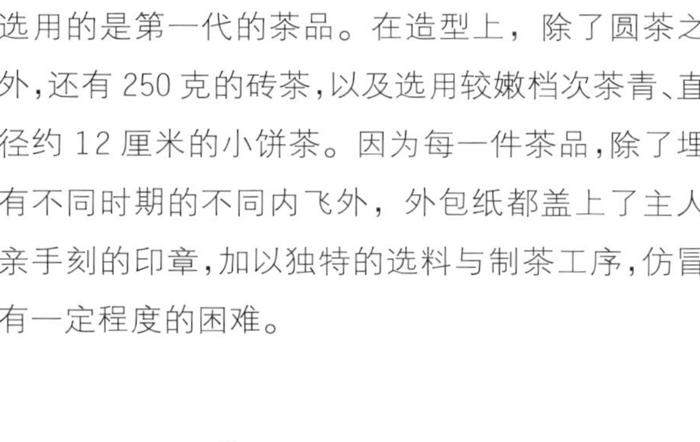

云南陈香圆茶已经进入第五代了，本书图版选用的是第一代的茶品。在造型上，除了圆茶之外，还有 250 克的砖茶，以及选用较嫩档次茶青、直径约 12 厘米的小饼茶。因为每一件茶品，除了埋有不同时期的不同内飞外，外包纸都盖上了主人亲手刻的印章，加以独特的选料与制茶工序，仿冒有一定程度的困难。

二代陈香圆茶通过「无公害放心茶」认证

陈香砖茶

艾田先生收集的滇西茶品

老同志砖茶

如果我们从茶厂来选择茶品，勐海茶厂与下关茶厂因为优良的历史传统，自然是普洱茶舞台的重要主角；如果我们从茶区来选择茶品，滇南澜沧江以西的勐海茶区，澜沧江以东孟腊县的六大茶山，滇西临沧、凤庆、双江、勐库等地区都是优质茶树的分布区；但是如果我们要从制茶的技术来选茶，特别如果要选择七子饼一脉传承的系列茶品，那我们不得不看看「老同志砖茶」了。

「老同志砖茶」是勐海茶厂前厂长邹炳良先生与前副厂长卢国龄女士制做的。回顾两位老茶人一辈子的岁月，几乎与勐海茶厂画上等号，无法被分割。1957 年从学校毕业的邹厂长刚满二十岁，就进入勐海茶厂，注定了一生普洱茶的岁月，历经了技术员、审检员、审评副股长、科长。1984 年邹厂长与卢国龄副厂长正式接下勐海茶厂的棒子，并且在往后二十多年的岁月中，让勐海茶厂七子饼的名声传遍了东南亚。因此我们可以这样说，今天市面上我们看到的勐海茶厂七子饼茶，不论年份、茶号、生熟，大部分都出自两位老茶人的手中，所以这世上应该再也没有其它人，能够更了解勐海茶厂的七子饼了。

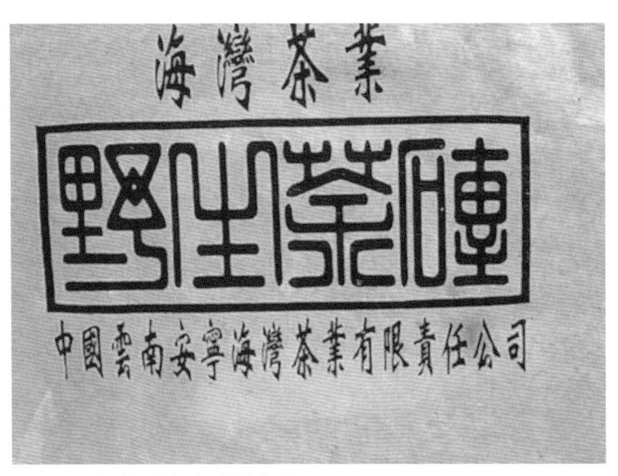

2004 年的野生茶砖外包装

1997年两位老茶人届龄退休，秉持着一生对茶的热爱，带着制作七子饼的长久经验与技术，开创了自己的事业，而其中最早压制的茶品，就是第一代的老同志砖茶。

老同志砖茶属于渥堆茶品，选择滇西一带的茶青压制。那么为什么邹老厂长没有选用勐海茶区的茶青呢？原来是为了市场区隔，不愿意因此影响了勐海茶厂的发展，说到底还是对勐海茶厂的一份眷恋的爱呀！

现在邹老厂长的海湾茶厂设在安宁，随着市场的需求，接受订制生产各式各样的普洱茶品，销售地广及中国大陆各地，以及日本、韩国、东南亚，也让「勐海茶厂七子饼系列」产品的版图持续扩大。而在诸多茶品中，不乏由茶商指定的高品质茶品。只是好的产品数量一定不多，数量大的产品大约都是商品货，这是经济市场不变的定律。因此如果能挑选出最优质的茶品，那么茶品中必然将累积着老茶人一生的经验和心血，也必然是品质的保证了。

海湾茶厂出品的云南野生饼茶，包装纸已经泛黄点

海湾茶厂出品的云南野生饼茶（正面）

海湾茶厂出品的云南野生饼茶（背面）

海湾茶厂2004年春野生乔木饼（外包装）

海湾茶厂2004年春野生乔木饼（正面）

海湾茶厂2004年春野生乔木饼（背面）

老树圆茶

老树圆茶（外包装）

老树圆茶（正面）

老树圆茶（背面）

由于广东、港澳、东南亚一带特殊的茶楼饮茶文化，以及香港特殊的政治体制与地理环境，使得几十年来，大量的普洱茶进入香港，并由香港转往东南亚各地。今天我们走在皇后大道附近，看着双层公共电车这种特殊文化产物的同时，如果留意一下附近的公司行号，那么就会发现许多老字号的茶行、以及一些老字号茶楼，跻身在高楼招牌之中，在岁月中共同塑造出了香港的饮茶文化。在以下的文字中，我们就以林奇苑茶行为例，谈谈老茶行的一些发展与观点。

在香港，有些老茶行的经营，已经由第二代接手，形成家族企业，开设迄今已经经过五十个年头的林奇苑茶行也不例外。从新老对比的照片中，我们看到了泛黄照片中的热闹景象与特殊的历史气氛，也看到了屹立五十个年头后茶行今日的风貌；我们看到了老一辈的茶人的风范，也看到了新一代茶人的气质。

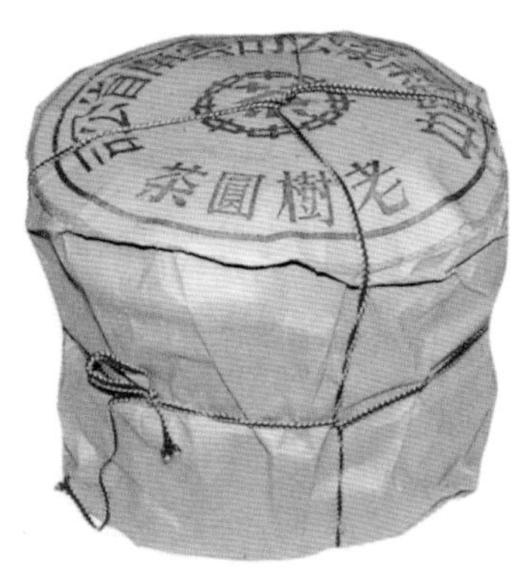

老树圆茶的筒包

20 世纪 90 年代中期以前，香港的茶商大约是跟国营茶厂下订单；20 世纪 90 年代中期以后，香港茶商也开始出现以自己老字号茶行为名，来为茶品命名。

这些老字号的茶行，对于茶品的要求与选择，和台湾某些茶商的经营方式，也明显不同。在台

一代奇苑贡饼（外包装）

一代奇苑贡饼（正面）

一代奇苑贡饼（内票）

一代奇苑贡饼（背面）

湾，部分茶商远渡云南茶区，亲自监督茶品制作的所有过程，严格地把关，以期望茶叶的品质能够合乎要求。但是香港则不然，有些茶商并不去云南，他们认为也没有必要去。他们的方式是透过中介管道，将样茶带到香港，然后根据样茶的品饮鉴定，指定修改的方针，如此反复打样到合乎要求的口感，然后才下订单。本文举例的这款老树圆茶，就是这样的产物。

由于在香港，这些老字号的茶行都有数十年的经营历史，不太可能拿自己的招牌开玩笑，因此选办挑选茶品的过程必定相当仔细，而经过不断修改打样后的茶品，也直接反映出一个茶行对于所谓优质普洱茶的认知标准。

一生与茶相伴的林君贤

如果就老树圆茶来说，大约是选用较细嫩的茶青为原料，以晒青毛茶蒸压成饼，而名称的「老树」则是直接对茶树的筛选下区别的定义了。当然还有一些品质是需要靠品饮来鉴别的，例如说茶质、香气、口感……，就很难用文字说得清楚了，而且有些鉴别方式与认定标准，也是各茶行的独家秘方，外人无法窥得。因此，多走几家香港老字号的茶行，实际透过品饮与交谈，去了解体认各个茶行对于优质普洱茶的认知，不外乎唯一的途径。

半个世纪前林奇苑茶行开业时留下的历史镜头

整筒奇苑贡饼

一、二代奇苑贡饼

林奇苑茶行已经有五十年历史

一、二代奇苑贡饼的内票

香港茶楼的饮茶文化，意外造就了普洱茶的传奇

皇后大街上的老茶行

多年以来香港皇后大街上，行驶的双层电车，已经成为特殊的风光

华联青砖

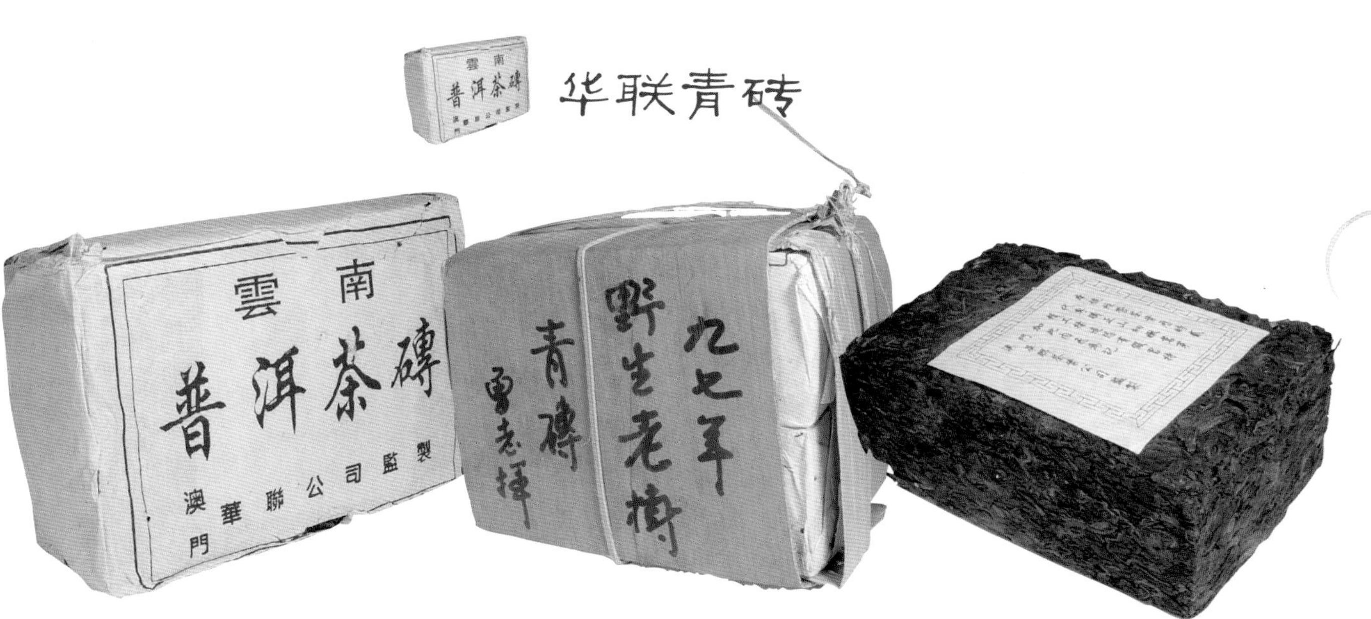

谈到华联青砖，应该要先了解华联茶叶公司，而要了解华联茶叶公司，就免不了踏入中国与澳门之间的茶叶贸易历史了。

茶楼饮茶是港澳地区传统的饮茶习俗。1949年以后茶叶产量下滑，无法供应港澳地区足够的茶叶需求，因此有一段时间茶叶市场有些纷乱。但是当时因为经营茶叶贸易需要大量资金，又必须有足够的仓储空间，劳动力的需求也不小，加上拓展销路需要一定的人脉关系，因此大部分的贸易商都兴趣缺缺。

有鉴于此，1956年南光贸易公司邀请当时澳门地区五个经营民生物资的贸易公司，合资开设了华联茶叶公司，配合国内的经营方向，做地区性的茶叶销售事业。这也可以说是近代澳门有规模进行茶叶贸易的起始了。

60年代左右，广东省茶叶进出口公司成为华联公司主要的合作对象，大量的饼茶经过华联公司进入澳门的市场，一直到80年代都不曾间断过。其中市场所熟知的广云贡饼以及后来的广东饼，就是具体的代表。华联公司并出示了一片用塑料袋包装、密封未拆的广云贡饼，上面的电话号码为四码的6734，证明了年代的久远。这片茶一直由愿坚老和尚所收藏，两年前才回赠给华联公司。老和尚今年七十多岁了，住在广东省中山市。

1996年，因为前途未卜，许多香港的茶商不愿冒然下订单，导致云南省茶叶公司堆积了大量的毛茶，造成仓储的问题。因此在当年的边贸会上，华联公司就接下了这批毛茶，并在昆明压制成砖，再运送到澳门，而这也就是最早那批华联青砖的由来了。

97华联青砖

位于澳门的华联茶业公司

深嗅一室茶香，回忆茶事过往

华联茶叶公司依据长久的办茶经验，以及选茶标准，从1997年开始，一共压制了四批华联青砖。如图所示，是1997年、1998年、1999年、2000年的青砖，每年的青砖包装上都有不同，不难识别，但仍需慎防仿品。

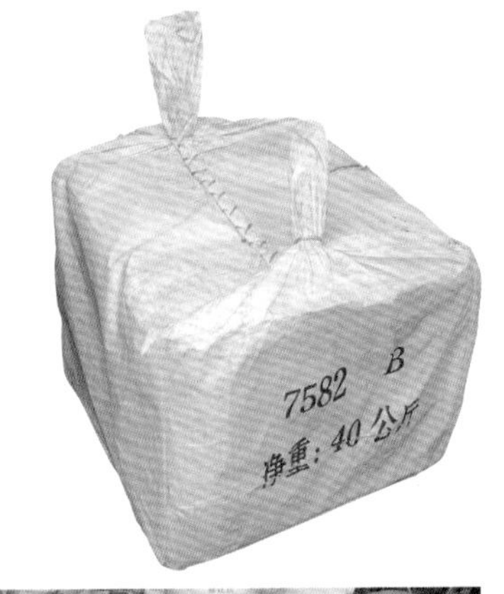

华联茶叶公司采用的存茶方式是自然密闭空间，并控制温度与湿度，除了让香气保留在茶叶中之外，大约80%的相对湿度，也提高了茶叶陈化的速度。

因此，华联青砖不但可以视为澳门茶叶发展史的小缩影，也是「澳门仓储」的代表之一，茶品后续的陈化与发展，值得持续追踪观察。

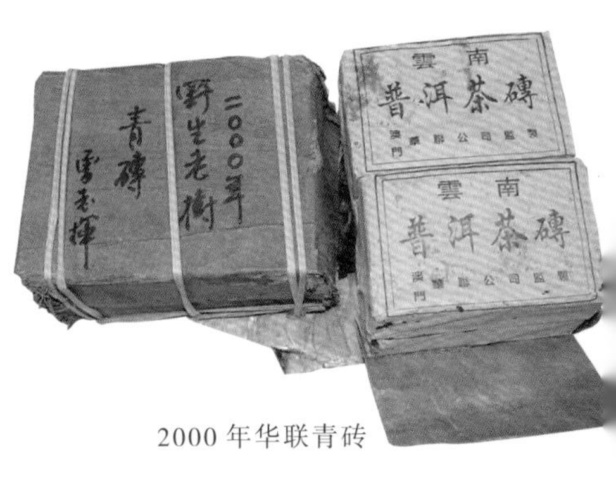

2000年华联青砖

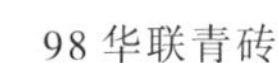

98 华联青砖

99 华联青砖

江城砖茶

江城茶砖的原始包装

江城位于滇南古六大茶山北麓，在行政区域划分上，已临越南的边境，而茶区更是跨越两国，无法分割。

在号字级的茶品中，敬昌号、江城号饼茶的茶青，就是出自江城，其茶面特有偏黄的条索，很容易识别，而品质更是受到诸多茶人肯定。

江城砖茶就是茶叶市场开放后，由私人订制，选办江城一带的乔木大叶茶青，压制而成的茶品。目前可以见到的茶品有两批，第一批无内飞，第二批内压八中内飞，大约是 20 世纪 90 年代中期一直到 2000 年前后生产的茶品。

关于这款茶品，目前市面上遇到最大的问题，就是仿品充斥，真品难求。主要原因在于第一批茶砖没有内飞，一般人不容易识别。而且「江城砖茶」四个字并非注册专利，所以目前江城一地的茶厂，如果生产茶砖，也冠上「江城砖茶」的名称，似乎也并不构成违法的条件。

无论如何，真正早期的江城砖茶条索清晰、揉工精致，特殊的「野樟香」气味，在品饮时很容易就能判别。目前江城砖茶已经脱离新茶的青涩，茶汤也逐渐由栗黄转向栗色，是颇让人期待的一款茶。

江城砖茶原包装与省茶叶公司普洱茶砖的包装雷同，但是部分茶品运送到台湾后，改包装成中央有圆孔的形式，上写着江城砖茶，如果能够遇到这批茶，在货源上是比较没有问题的。

江城茶砖的新包装

没有内飞的江城茶砖

有内飞的江城茶砖

千年古茶树茶

千年古茶树茶有两种规格

位于思茅地区景迈的大树茶林，林相保持完整，面积又辽阔，因此这几年颇受到重视，并且陆陆续续有商人投入资金，积极开发中，而许多台湾过去思茅的茶人朋友，也曾拜访过这片茶树林。本文所介绍的千年古茶树茶，便是以这片大树茶林的晒青茶为原料，循生茶工序制造的一款茶品。

初见这款茶品，翻遍茶品里里外外，并没有注明制造的茶厂，只有包装下方写着「Processed under the super vision Mr. He Shihua」但是谁是Mr. He Shihua？笔者只能自叹自己是井底之蛙了！2003年拜访云南思茅，意外地竟然与这位

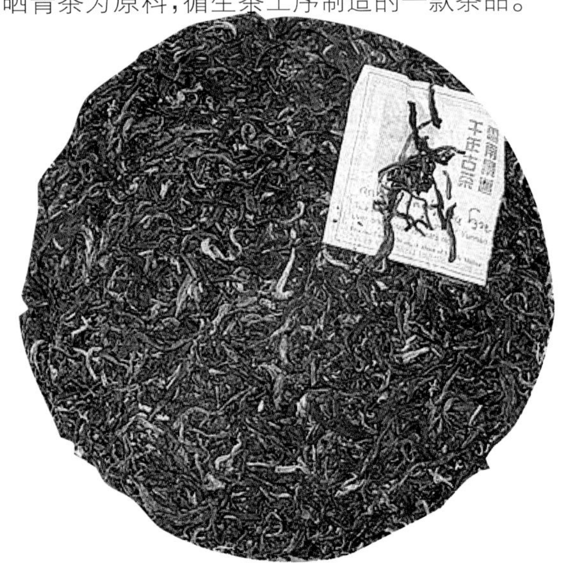

千年古茶树茶（正面）

千年古茶树茶（背面）

第二代的千年古茶树茶，可以从揉工辨识

super vision 同桌共茗，才知道他就是思茅地区对于普洱茶有专深研究的前外贸局长何仕华先生，这款茶就是在他监制下，由古普洱茶业公司制造的优质茶品。

千年古茶树茶

千年古茶树茶小饼（背面）

在造型尺寸上，这款茶除了一般七子饼身大小之外，还有一种重量只有 250 克的小饼身尺寸，采用一芽的茶青。由于云南当地认为一芽的茶青品质最高级，因此在价格上也比较高。但是这款茶品经过长年陈放后，是否一芽的茶品也能有较好的表现，就要请岁月来定夺了。

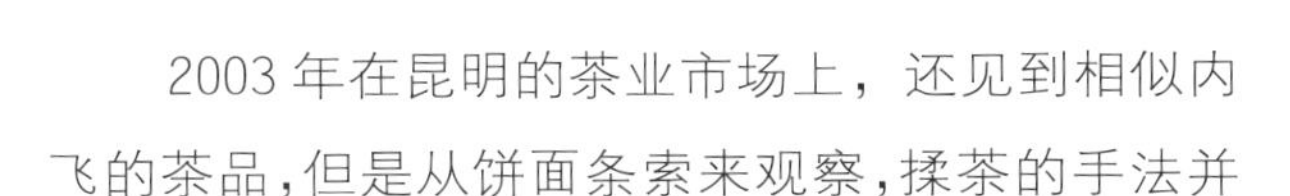

2003 年在昆明的茶业市场上，还见到相似内飞的茶品，但是从饼面条索来观察，揉茶的手法并不同，不难区隔。

外包装上的 Mr. He Shihua（何仕华先生）本人（左）

千年古茶树茶筒装（小饼）

千年古茶树茶简介

千年古茶树茶（云南七子饼茶）以云南高山云岭景迈茶山乔木型千年古茶树发出的鲜嫩（芽）叶为原料，经特殊工艺精制而成的无污染有机绿色食品。其特点是：冲泡后，汤色黄亮，滋味鲜醇，香浓厚甜，经久耐泡，具有清凉解渴，醒酒，去疲劳，怡神之功效。常饮该茶能健身、美容、改善营养、促进新陈代谢、增强人体免疫力、抗衰老等。

品此香茗将使你领略人与自然和谐的神韵。

A Tea of Millennial Old – tree introductim

A tea of Millennial Old – tree(also called Yunnan Chitsu Pingcha) is manufactured from millennial old – tree chit, a kind of tall tree growed Yunnan ginmai mountain, through a process of refinement. It affords a bright red – yellowish liquid with pure arona and fine taste, and is characterised by a sweet after taste all its own drink a cup of this, and you will find it very refreshing and thirst – quenching. It also aids your digestion and quickens your recovery from fatigure or intoxication etc.

Processed under the super vision of Mr. He Shihua

千年古茶树茶内票

云南陈香普洱圆茶

一直到目前为止，临沧地区都是云南最大的茶仓，每年茶叶产量超过全云南地区产量的一半。回顾历史，根据《云南省茶叶进出口公司志》的记载:「光绪末年(1908)顺宁府太守琦璘，号叔敏，与当地知名人士陈晓峰倡导种茶，引种双江勐库茶子，初种于城后凤山，蔚然成园。此后即推广普及全县……」(p.15) 可知临沧地区茶业的发展，从民国初年时就开始了。

到了 1936 年，印度红茶与锡兰红茶打入国际市场，造成中国大陆茶叶出口数量下降，因此云南省茶业(分)公司，1939 年在顺宁建立了顺宁实验茶厂，也就是今天的凤庆茶厂，开始研究生产红茶。迄今滇红还是云南省最主要的出口茶种，主要外销前苏联、英国、埃及等地，分功夫红茶与碎红茶两大类，在国际享有一定的名声。

至于普洱茶的发展，就没有这么顺利了。虽然 50 年代的福禄贡茶，内票上写着「本公司经营茶业历史悠久。专办凤山旧年雨前春茶……」，具体证明了当时晒青紧压茶的存在，然而很长一段时间，临沧地区许多的晒青毛茶原料都调到勐海茶厂和下关茶厂精制，因此当世人的眼光焦点都投注在勐海茶厂、下关茶厂时，临沧一地依旧只是扮演着支持毛茶的角色，鲜为人知。

云南勐库正山小饼茶

事实上，临沧一地的茶叶品质相当优良，根据中国茶科所的实验报告，临沧一地茶树品种，茶多酚的含量相当高，甚至超过了其它一些著名的茶叶产区；换句话说，临沧一地的茶叶茶质厚重，很适合作为需要长时间后续陈化的普洱茶原料。

如今，茶叶市场已经全面开放，因此临沧地区也开始积极规划自己的品牌，准备进入普洱茶的市场。本文所介绍的，就是其中一款以勐库老茶园晒青毛茶为原料，所压制的青饼，亦有125克的小饼。它们可以视为临沧地区以自己的品牌，进入普洱茶青饼市场的先驱之一；也可以视为临沧地区对于压制茶理念的具体呈现，因此后续茶业的发展以及茶品的陈化表现，都相当让人关注与期待。

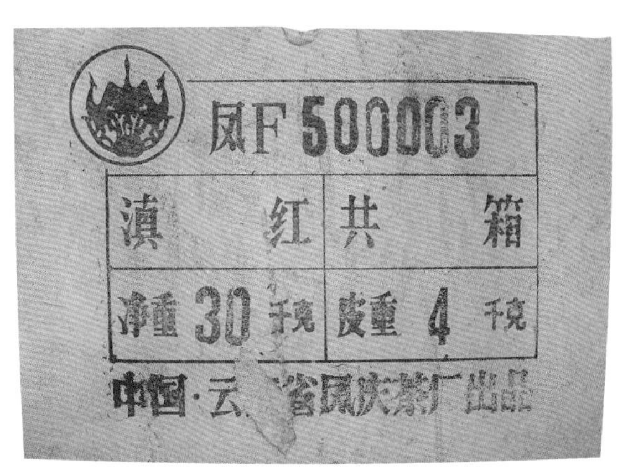

滇红的支飞

叙述着滇西茶事的《勐库茶乡》与《凤庆县茶叶志》二书

2004 云南陈香圆茶（青饼）

易昌号

1999年的易昌号　资料提供　石昆牧

知名度高、销售好的茶品，因为有利可图，才会有仿冒品出现。如果从这个角度来看，标榜所有茶品均为「野生茶」的易昌号饼茶系列，是符合这项条件了。因为易昌号茶品不但在台湾、香港广泛受到茶人的关注，而且在广州还出现「打假」的情形，甚至到了真品、仿品难分，需要茶厂亲自鉴别的程度。

但为何会真、仿难分呢？原来易昌号在包装上，虽然字体大都采用篆体或明体字，但是每一批茶的包装在字体颜色上都略有不同，而且还分极、正、珍、精等品级，包装大同小异的茶品生产几年下来，至少有二三十种在市面上流通，因为鉴别不易，给了其它厂商见缝插针的机会，于是才有鱼目混珠的情形，甚至出现茶厂自己也没见过的包装。

虽然真正要替易昌号分类并不容易，但从饼身不失为初步分判的方式：1999年开始生产时，压饼的石模体积较小，因此饼身比较小、比较厚，周缘较不规则，重量大约350克；2000年以后的饼茶，饼身较大、较薄，周缘也比较圆，重量约为400克；2002年以后开始生产250克的小圆饼。

2002年以后开始生产250克的小圆饼（外包装）

其实茶叶品质的好坏，变因非常多，不同茶树、茶区、季节、气候、萎凋程度、锅

仓储状况稍次的易昌号

2002年以后开始生产250克的小圆饼（正面）

2002年以后开始生产250克的小圆饼（背面）

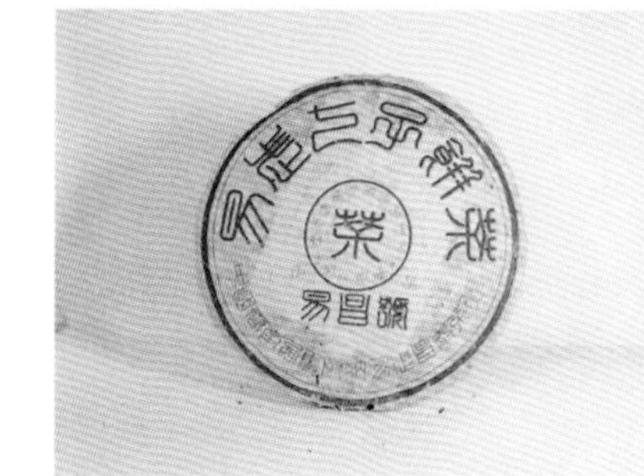

易武七子餅茶
中國雲南西雙版納易武昌泰茶行

易武七子餅茶
中國雲南西雙版納易武昌泰茶行

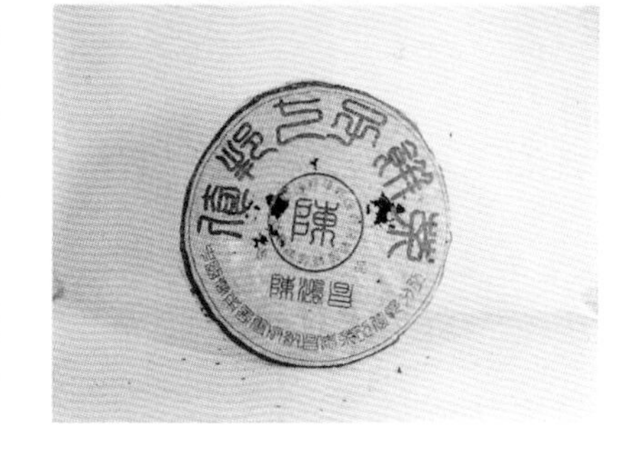

2000 年以后的饼茶，饼身较大、较薄，周缘也比较圆，重量约为 400 克

炒、日晒情形、干燥、仓储……都会造成茶叶品质的差异，将不同条件生产的茶品以不同的包装、型制区隔，原本是茶厂负责任的态度，只是因为过于多样化的包装，极、正、珍、精等字又没有明显的品质等级差异，加上不当的炒作与宣传，反而对消费者造成不知该如何选择的混乱了。易昌号的现象，或许也可以提供给其它茶商一些不同面向的思考。既然分辨易昌号如此复杂，那么「分辨」的意义就该被重新思考，或许还是让我们回归基本吧：拆去茶品的包装、挖掉埋着的内飞，实际去冲泡一壶茶，喝喝看，我们的口腔唇齿、身体感官，自然就会给我们答案。

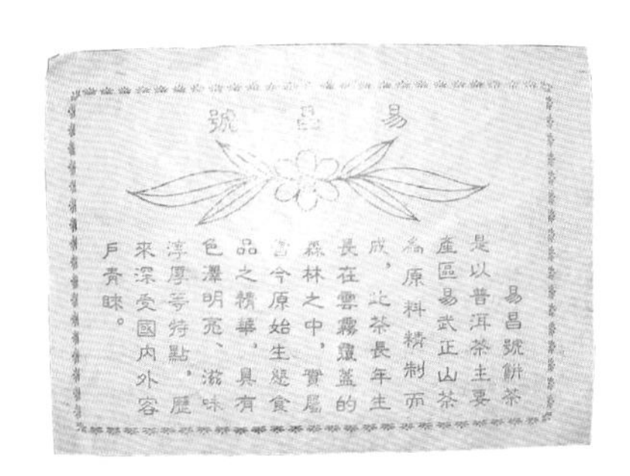

99 极品易昌号的内票

易昌号的 250 克沱茶（一筒五个）资料提供　唐美玲

易昌号的 250 克沱茶

顺时兴号饼茶

2002 年顺时兴号饼茶（外包装）

2002 年顺时兴号饼茶（内飞）

2002 年顺时兴号饼茶（背面）

2002 年顺时兴号饼茶（内票）

根据所得资料，2001 年以前，易武地区的茶叶，大部分以初制毛茶的形式，送到勐海、思茅等地进行加工，大约从 2001 年开始，本地才陆陆续续成立精致加工厂。而顺时兴号就是易武最早开始精制普洱茶的工厂之一。本文图片介绍的，是 2002 年春天制作的饼茶。

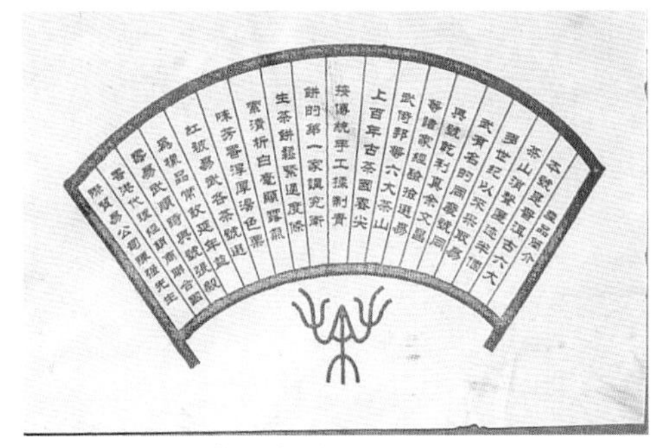

顺时兴号饼茶（内票）

顺时兴号的主人，就是易武乡的张毅老乡长。自从普洱茶名气打开之后，就有越来越多的茶商来到易武，希望能制作传统的普洱茶品，1998 年到 2000 年之间，张乡长主要是帮台湾的茶人加工饼茶，随后香港的荣记茶庄和国际联合公司也向张老乡长订制过几批茶。2002 年张老乡长开始使用自己的品牌顺时兴号制作饼茶，短短两年时间，2004

张老乡长的茶品强调遵循古法工序来制造

年韩国、日本、深圳、澳门、香港等地的茶商纷纷到易武探寻顺时兴号的茶品了。那么，顺时兴号茶品的特点究竟在哪里呢？

首先，在茶叶的选料上，顺时兴号的茶品坚持使用易武地区老茶园的乔木茶树所生产的茶叶，所以那些 80 年代密植的灌木新茶园的茶叶，也就成了张老乡长的「拒绝往来户」。

其次，顺时兴号的所收购的毛茶，只收购雨前春尖，以及谷花秋茶，至于二水、三水的毛茶并不收购，再搭配自己改良疏植后，不施肥、不打农药的生态茶园茶叶，也就使得茶品获得进一步的品质保障。

再来，对于曾经施打化学肥料以及农药的茶叶，一律不予收购，为了证明自己的产品经得起考验，顺时兴号茶品也送交相关单位化验，检测结果零农药、零病菌残留，铅、铜的含量也远远低于标准限值，这就使得消费者在饮用顺时兴号茶品时，卫生保健方面有了基本的保障。

在拼配上，有别于勐海与思茅地区采用不同级数拼配在茶饼不同部位的方式，顺时兴号的茶品采用了一心二叶、单一茶青的原料压制成饼；换句话说，一片茶饼不论里里外外茶叶的品质都是一致的，品饮或试茶时，也不需要因为担心品质不同，而刻意去挖饼中央内侧的茶叶试泡了。

在制茶工序上，张老乡长的茶品强调遵循古法工序来制造，并且持续实验与改良，使用石模以人工压制饼茶，茶品压制成形后不进入烘房烘烤，而采用自然的方式阴干。由于整个制茶工序中并没有经过高温的阶段，也就避免了因为不慎过高的温度造成茶叶品质的改变。

最后，因为选茶精心，自然在产量上也就受到相当的限制，根据张老乡长的说法，每年的产量相当有限，大约只有 2 吨，以每饼 400 克来计算，就是 5000 饼，这也就无怪乎茶品物稀为贵了。

不过，因为今天当地的不少制茶师傅，最初也是从张老乡长这里学习制茶技术，而张老乡长也抱着复兴易武一地茶叶经济的使命感，并无任何藏私，这使得任何制茶师傅，只要遵循张老乡长这般自我严格要求的标准，制作出来的茶品也就能维持一定的水准了。并且更进一步地，随着不同制茶师傅对于茶品的不同认知，表现在茶品上也就有所不同，至于哪一种茶品才是好茶呢？就留给您来品饮吧！

张老乡长自家的茶仓，冬天时上方的灯光可用来提高茶仓的室温

张老乡长珍藏当年压制号字级普洱茶的石模

陈远号

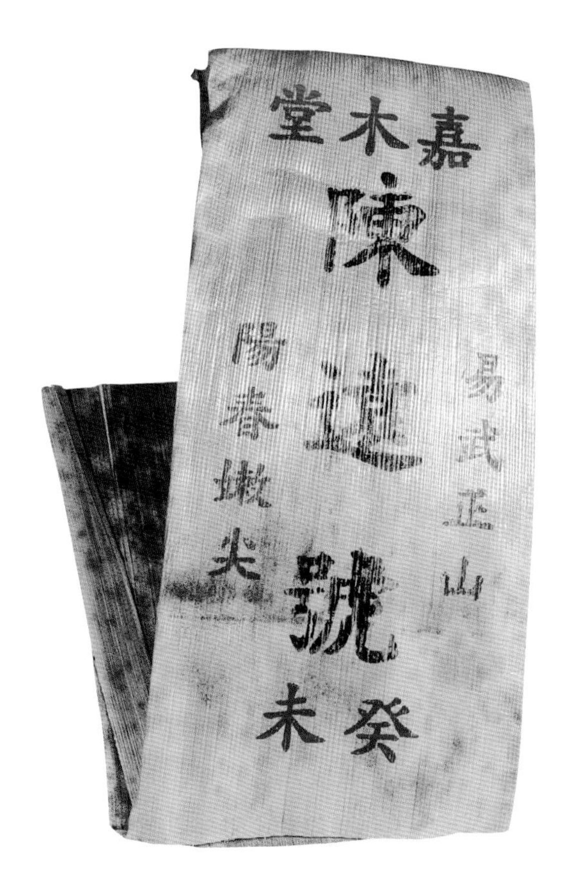

来自茶香世家的陈怀远，对茶叶有着深刻的认识，20 世纪 90 年代普洱茶在台湾流行之初，陈怀远就带着相机与同好远渡云南，在当地人疑惑的眼神下，记录了几乎被世人遗忘的六大茶山面貌。当阅读曾至贤先生的《方圆之缘——深探紧压茶世界》时，除了文字资料的翔实外，相信您也和我一样，都被里面照片的美丽所感动过吧！

或许对茶叶没有研究的人，会认为陈怀远的行为像个「**茶疯子**」，但是如果您也对茶叶有兴趣，那您就能体会，陈远号是陈怀远对茶的深刻爱恋与执着。

怎么说呢，如果篮球场上的防守策略，有所谓的全场紧迫盯人，那么在茶山上的陈怀远，应该就是「**全程紧迫盯茶**」了。整个茶叶制造的过程，陈先生不但全程参与，而且近乎严苛地要求完美。

先看选茶叶。除了不要施化肥、打农药的茶叶之外，陈怀远只选择清明节以前一早摘采的茶叶，因为一日之时在于晨，一年之季在于春，茶树经过一个冬天的养分储藏，到了翌年春天，茶叶所含的养分最丰富，这是简单的自然节气问题。

另外选茶叶要试泡，看茶汤表面果胶质的厚度，越厚越佳。因为海拔高的地方温差大，茶树更要靠这胶质来保暖，含量自然丰富了。

次看级数。一般上好的绿茶，选的都是芽头，但是芽头不容易产生酵素作用，所以青茶的选叶标准，就要一心二叶、嫩叶开面，也就是顶端的芽头要展面成叶的。这是经验，也是对茶性的了解。

再看杀青，陈怀远要求要做到茶叶柔软，因为只有柔软度适中的茶叶，揉茶才揉得好，细心的揉茶造成叶表适度剥裂，有利酵素作用的进行。所以如果杀青的温度高，那时间就要短，杀青的温度低，时间就相对要延长。

普洱茶中所散发的太阳味，是人为加工无可取代的芬芳气息，因此揉好的茶一定要在太阳底下晒干，就算控制温度得宜，也不能用火烤干，或是用机器烘干。过了五月，云南进入雨季，陈怀远就不做茶了。

蒸茶如同泡茶，都是茶叶与水的邂逅，因此陈怀远选用上好的山泉水，让茶叶在山泉水蒸气的浸濡中软化，如同古书中记载的一般。

压茶选用的石模直径稍大，以求茶饼受力均匀、圆弧美观。更重要的是，本身背面中央的凹窝，一定要大，而且要深到接近穿透，这是观察号字级老茶取得的经验，特别是敬昌号、江城号圆茶的启示。理由浅显，透气防霉而已。

内飞与筒包，一样不能马虎。除了选用上好的绢布来当内飞外，每张内飞亲手签名，每筒包装的竹叶亲自盖章。四月的制茶节季，滇南的漫漫长夜，陈怀远就在油墨与茶香中渡过。

这么多的经验，难道不是商业机密吗？陈怀远笑笑说，他一点儿都不在意公开，因为「看茶做茶」是台湾这块土地告诉陈怀远的自然块宝，而且没有人能像他一样，整个制茶过程全程参与，所以就算有再高的智能，就算悟透全部的道理也没用。这就是「陈远号饼茶」。

思茅古普洱方茶

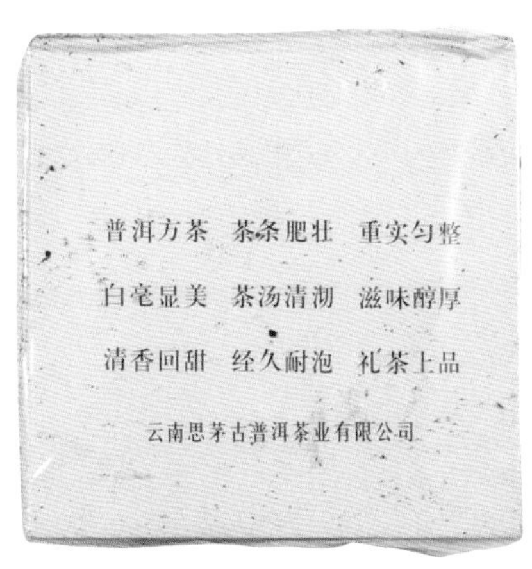

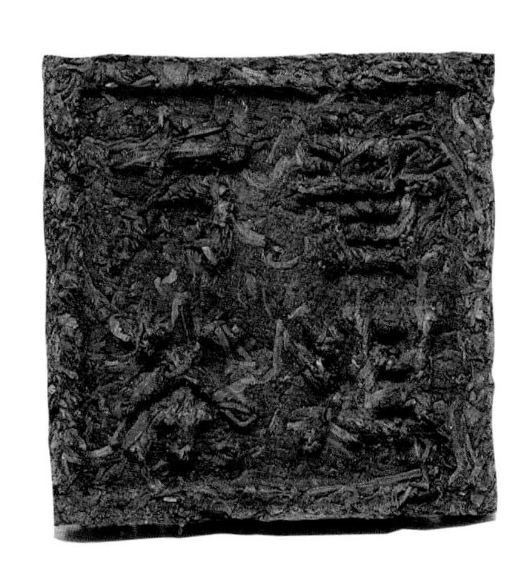

单片盒装思茅古普洱方茶

思茅古普洱方茶因其制造茶厂、地点、造型而得名。这款由古普洱茶业公司生产的方茶不论在包装上,或是在造型上,都与勐海茶厂的方茶一致。追究原因,才知道总经理王霞女士的父亲王全良先生,就是勐海茶厂的元老之一,而王霞女士更是从小就在勐海茶厂看着师傅们制茶长大的。21世纪初,王霞女士以勐海茶厂审检科的资历,带着深厚的制茶技术来到思茅,成立了古普洱茶业有限公司,可以说承续了勐海茶厂的优良制茶传统,开创出另一片事业天空。

古普洱茶业公司生产的方茶，分成生茶工序与渥堆工序两种，本文所介绍的是生茶工序的茶品。原先根据笔者的品饮,判断茶青主要来自江城一带的大树茶,后来与王总经理验证,王总经理除含笑点头外，还语带玄机地透露:「口感与品质主要还是靠拼配」，这句话让笔者有恍然大悟的感觉。这批竹叶包装的方茶,到台湾不久就被部分茶人盯上了,可见品质不错,有兴趣的茶友不妨一试。

该公司另外还生产一种重量同样是100克的方茶,根据笔者的推测,茶青应该也是来自思茅地区,口感相当独特。这款茶品的包装沿用勐海茶厂的方茶包装方式,如图所示,只是背面印上了「云南思茅古普洱茶业公司」的字样，所以与其它方茶并不会造成混淆。

思茅古普洱茶业公司的沱茶

十片竹叶包装思茅古普洱方茶

思茅古普洱茶业公司

茗香茶品

也许您不信，虽然长久以来在「**干仓**」「**湿仓**」的普洱茶仓储争论中，「**干仓**」始终占着绝对的优势，左右着市场茶品的价格，以及主论述的版页，但是一直到今天为止，许多香港的茶商，还是不认为「**纯干仓**」的茶品，品质比经过「**香港仓**」的茶品好。换句话说，为了使普洱茶在较短的时间内，达到一种更美好的特殊口感与风味，特殊的仓储工艺，在香港本来就是必经的过程，甚至直接反映在价格上，而且香港的消费者也乐于接受。

「**香港仓**」并没有固定的标准，随着茶仓与茶商的不同，有些是自然天成，有些是偶然的心得，也有些是人为的工艺。

那些「**自然天成**」的茶品，大部分堆放在茶楼的仓库里，有些一放就是几十年，有些甚至被遗忘了。虽然香港气候相对潮湿闷热，但有的仓库还算干燥，有的就可能受潮了。目前见到的老茶品，大部分就是从这些茶楼的仓库中整理出来的。

由于早年普洱茶在经营茶楼业者的眼中，并不算高档的货色，少有刻意去规划储存的条件，上环、中环一带的茶楼为了节省房租，有些就把茶存放在石塘咀的山道底一带，靠近山腰的大楼底层。这些因为过于潮湿、不适合人们居住的空间，就成

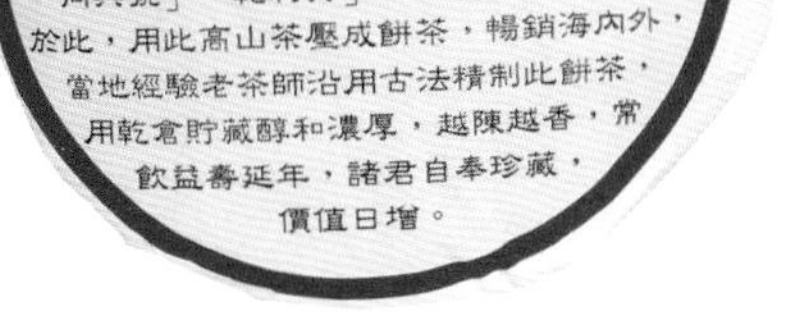

茗香茶庄的瑞贡天朝饼（外包装）

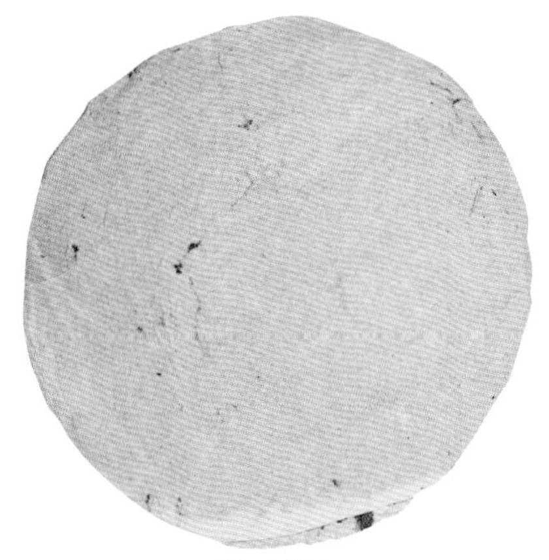

（内包装）

（正面）

（背面）

了普洱茶的住所。这些茶叶就看各自的造化了，靠山壁一些、离地面近些、接近表面一些，很可能就因此严重受潮毁损，再也无法饮用；但是运气好的茶品，却意外地转成某种特殊的口感香气，也有另外一种柔顺和韵味，而且缩短了陈放转化所需要的时间。

时间一久，那些在石塘咀一带租仓库的茶楼业者，也注意到了普洱茶的转化。既然可以降低仓储成本，又能加速茶叶转化，自然值得研究，于是各种仓储、温控、湿控、翻仓、摆放、移位等的技术，就衍生出来了，各家弹各家的调，形成一种「商业机密」，也随之世代交替。

然而同样在香港，离开中环、上环一带，因为环境条件的差异，仓储工艺又有不同方式。例如香港本岛对岸九龙的某些茶商，并没有靠山壁、湿气较重的仓库可以存茶，因此就必须在仓库中加入一些人为的方式，如定期喷洒蒸气、翻动茶品的仓储位置、调整空间的通风与密封条件等，来调节温度与湿度，以增加茶叶转化的速度，并形成特殊的口感。这种人为的存茶技术，已经接近一种专业的技术或艺术了。

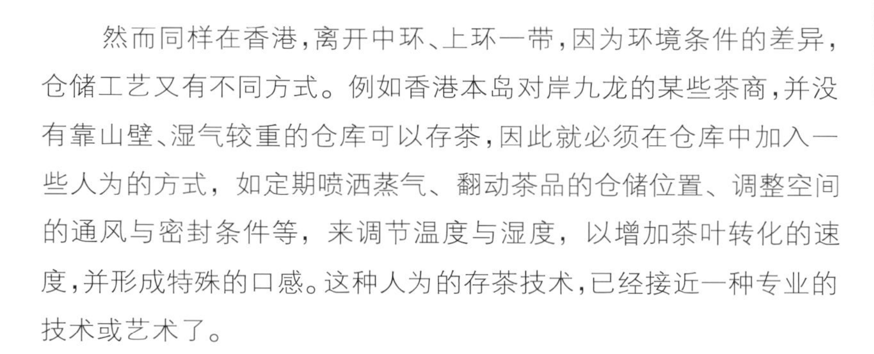

（内票）

本文介绍的茶品，是位于九龙的茗香茶庄所订制。从茶品中我们不但能看出老茶行对于优质普洱茶的认定标准，也能见到茶品被细心呵护下的仓储工艺。至于茶品所表现出的风味，那就留给消费者，随个人喜好，自由选择吧！

位于香港石塘咀山道底的茶仓

香港柴湾的工业大楼

易武正山贡品普洱圆茶

许多台湾茶人对于茶叶品质的评鉴发展出相当多元的面貌与技法，娶思茅姑娘为妻，并在云南以康堤茶品发展茶叶事业的黄传芳先生，也有个人独到的见解，以下是以 200 克标准杯试泡，以一心二叶、嫩叶开面为主，观察新制滇青毛茶的一些方法。

一、如果以手揉叶底，呈现滑或烂的情形，是现代茶园或是茶园有施化肥或喷洒农药的情形。

二、如果用鼻吸茶叶叶底香，鼻腔出现闷而不清爽的情形，可能是因为采收季节时气候闷、制作过程中有闷的情形。

三、如果冲泡后叶底的叶面与枝条易碎，是茶叶内含支白质、纤维质较多的缘故，则茶叶「骨多肉少」养分也较少。

四、选择叶底中的粗枝，从中扯开，如果藕断丝连的纤维质可以拉开很长（甚至超过五厘米），则表示茶叶内含养分丰富。

五、好的茶品，茶汤清澈亮丽，表面透明的果胶质很厚。

普洱七子饼茶

普洱"七子饼茶"亦称圆茶，系选用驰名中外的"普洱茶"作原料，适度发酵，经高温蒸压而成。汤色红黄鲜亮，香气纯高，滋味醇厚，具有回甘之特点。饮之清凉解渴，帮助消化，祛除疲劳，提神醒酒。

PUER CHITSU PINGCHA

PUER Chitsu pingcha (also called Yuancha) is manufactured from Puerhcha, a tea of world - wide fame, through a process of opimum fermentation and high - temperature steaming and pressing It affords a bright red - yellowish liquid with pure aroma and fine laste, and is characterised by a sweet after - taste all its own Drink a cup of this, and you will find it very refreshing and thirsy - quenching. It also aids your digestion and quickens your recovery from fatigue or intoxication.

中国普洱茶叶集团
云南思茅兴洋茶叶有限公司
YING YANG TEA GO, LTD, SIMAO, YUNNAN

六、好的茶品，茶汤中的叶底，嫩叶下沉，成长叶则可上浮。

七、好的茶品，茶叶冲入沸水后，叶底会逐渐均匀开展，如果出现快慢不均的开展现象，则茶汤中可能会出现火燥味，是制茶工序不当所致。

八、茶叶浸泡 5 分钟后，以瓷制汤匙搅拌茶汤，静置后看杯中汤匙正面的清澈度，越清越佳。

九、举起汤匙，闻汤匙背面，间隔 5 秒，连续闻 3 次，如果香气持续则茶品佳，持续而有变化则更佳。这个步骤与闻杯底香类似。

此外，同样的茶样，固定的冲泡，从品饮茶汤的过程中，可以分出茶叶品质的好坏，好的茶品茶汤对舌面的渗透性强，并且牙龈有清凉感，茶香气往鼻腔冲；茶汤滑顺，有劲道。所谓劲道指茶汤的舌面渗透性、口腔扩散性、舌面贴切性、持久性、气透性、行气性等。

至于不好的茶，则是茶汤苦不转甘、涩而不化，甚至茶汤带有菁腥味，类似野草的气味。如果茶汤有火燥味或是油耗味，就是工序的失当。

「易武正山贡品普洱圆茶」就是黄传芳先生以云南思茅兴洋茶叶有限公司之名，与勐海的佛海茶厂合作，选用易武茶青，并且以黄先生独到的鉴定观点，订制的一批普洱茶，建议不妨以黄先生所提的品鉴方式，试试这款茶品，应该会有不少心得。

人头贡茶

青田砖

以250克标准杯试茶

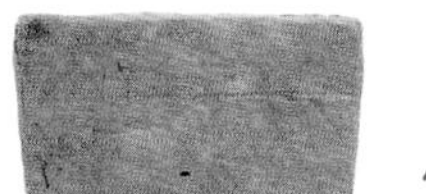

康堤茶品

约 1850 年以后，随着闽南的移民，茶业传入台湾，并且一度发展成为第二大出口农产品。但是因为时空环境的变迁，这十几年来台湾茶叶的出口量日渐减少，因此部分茶人开始积极谋求新的茶业出路，也进到了云南，开朗爽直的黄传芳先生，就是一例。

康堤砖茶（1 公斤）

黄传芳先生在台湾研究茶业的烘焙技术，发展出以中央聚热、以水导热、向外排杂质的特殊烘焙方法。他曾经以鸡蛋做实验，将鸡蛋经过处理，让蛋中央的细菌杂质排出，这种「焗蛋」，可以放置数天、甚至数周不会腐败。同样的道理，应用在精制茶叶的烘焙上，也可以将茶叶中的杂质排出，这就是「弗氏烘焙法」。

黄先生对于茶树的繁衍，用五行的观点来解释。他认为从茶树的发源，应该在澜沧江流域，以今天所知最古老的茶树：镇沅千家寨的野生茶树来看，北回归线大约就通过这里，因此黄先生就将思茅定为「中土」。茶树由此开始向外呈放射状繁衍，逐渐扩散开来，四时分布，五行运焉。北方属水，偏碱，适宜做绿茶；南方属火，偏苦，适宜做红茶；西方属金，偏涩；东方属木，偏酸；中央为土，茶性为甘，茶质最佳，亦为茶之本源。因此如果说是黄先生选中了思茅，不如说是茶叶的根源故乡召唤了黄先生前往。

黄先生带着制茶技术，以及经济开发实力进入思茅地区，并且在茶业经济发展的主体下，导入文化与生态保育的理念，强调互助合作的经济推广模式，已经有初步的成果。举个例子，黄先生将台湾「茶艺馆」的观念带入思茅，在思茅市中心开设了「康堤茶艺馆」，里面没有卡拉 OK 的高分贝流行音乐，没有饮酒作乐的感官沉酣，也没有丰盛美食的口腹满足，但就只是大碗大碗喝茶，在香气四逸的馆内，我们听到了开放欢乐的谈论，文学艺术的气息，这一方小天地，竟也成了思茅地区一种特殊的「文化现象」。

又如他积极主导的「普洱县宽宏村茶业发展计划」，就是一个结合当地社区、自然资源、经济效益的综合计划，希望在生态保护的指导原则下，透过古茶树林的适当开发，发展宽宏村成为茶叶产区，以及茶业生态的观光景点，而其中所得的利润，一定的百分比再回馈到该村，投资在教育文化方面的事业，造成一个全赢的局面。

六大茶山公司成立纪念饼

大约在公元2000年前后，台湾品饮普洱茶的风气达到一个高峰。这股热潮，随着往返台湾云南两地渐次热络的茶商带到云南后，云南当地茶业经营者，也深刻地感受到了。勐海茶厂前厂长阮殿蓉女士，与副总经理董国艳女士，掌握了这个时代的脉动，在昆明成立了六大茶山茶业有限公司。

作为一种讲求市场机制的商品，茶叶的品质与包装都应该符合消费者的需求，从市场的观察，六大茶山茶业公司的产品，这两点执行得很贯彻。

例如从品质来说，以台湾人的喝茶标准，追求的是滇南六大茶山的晒青毛茶、传统生茶工序，希望茶品在经过多年陈放后能够越陈越香，进入品茗的艺术层境，这也就成了该公司制茶的方向。

另外，要建立一个公司的信誉并不容易，要维持更是困难，一款茶品往往因为年份的差异、茶青选择条件的改变、乃至于茶商的利欲熏心，导致品质的变化，也毁了公司原有的品牌与信誉。而六大茶山茶业公司则认为，与其多年地致力于维持一定水准的单一品牌茶品，不如让每年每批不同的茶品彰显出自己的特色，让消费者随自己的喜好来选择；另一方面也可以借由数量的限制，形成消费者物以稀为贵的珍视典藏心态，同时也就提升了茶品的价值。

就包装来说，有鉴于勐海茶厂七子饼茶识别

阮殿蓉与邓时海于普洱墙前

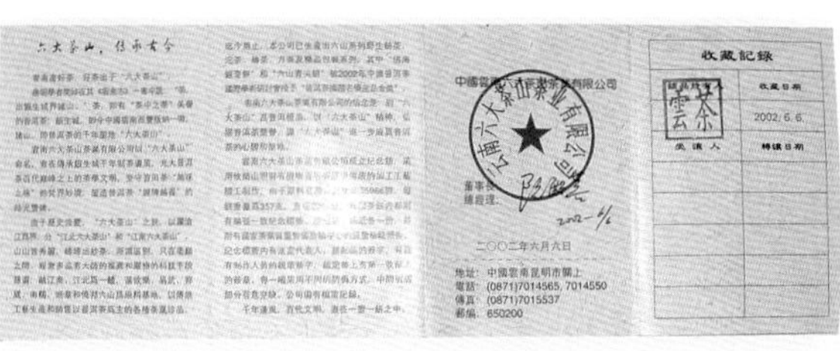

的困难、茶品包装标示不清，导致市场上年份的虚报和混乱，市场上对于茶园农药以及施肥情形所产生的诸多疑虑，以及普洱茶须多年陈放的典藏特性，该公司的策略是，与其让市场暧昧浑沌，不如选择让商品完全透明化，相关资料完全在内飞与内票上标示清楚，以求让消费者买得安心、喝得放心。

本文介绍的这款「公司成立纪念饼」，就符合了上述的标准，从茶区、茶树品种、制造年份、数量、农残检测，乃至于品茗记录、收藏记录等，都贴心地帮消费者设想周到了。最后，阮总经理与董副总经理在内飞上亲自签名，以示负责，同时也宣示了该公司对于自身「羽毛的爱惜」。因此这款茶交到消费者手上后，似乎就等待岁月的转化了。是不是能越陈越香呢？就等时间来告诉我们答案吧。

宫廷普洱

2002年11月26日的云南信息报，刊载了这么一则新闻，标题是：「100克普洱茶卖了16万」，文中提到23日在广州举行的优质茶评比会场上，产自当年思茅地区的普洱茶「宫廷普洱」渥堆嫩尖散茶，被广东地区（应是香港）某茶商以高价标得。一时之间，普洱茶又热闹滚滚地成为街头巷尾谈论的话题。

无独有偶，不到一个月的时间，北京晚报刊载了另一则消息：「京城茶叶市场起风云　六两普洱茶要卖百万元」。什么普洱茶有如此高的身价呢？答案是宋聘号七子饼，一片300克，陈期80年以上的老茶。

两种普洱，一新一旧，一生一熟，应该都有充足的理由，使得它们值得如此的身价，问题是，理由在哪里？2003年3月20日的台北唐人工艺，邓时海教授在欢迎大陆思茅地区来台考察访问团的「两岸普洱茶文化交流座谈会」上，点燃了这个话题。

会中由思茅地区的代表先提出了几点报告，大约包括了：其一，从冰河时期延续生存到现在，世界最古老的原生茶树种，除了西双版纳有发现外，思茅地区也有记录；其二，对于普洱茶的名称与产地的界定，以及作为一种商标品牌所衍生的法律问题；其三，对于思茅地区各茶厂如何有效整合、统一宣传，以促使产品得到最好的销售；其四，强调思茅地区的茶品不含化学肥料残余，符合世

京城茶叶市场起风云

六两普洱茶要卖百万元

随着新年的临近，京城茶叶市场擂台慕起风云，在北京几大茶城近日上演的"茶秀"之中，最引人注目的是五道村茗茶城一块不足300克的云南普洱茶饼（右图）。据茶饼主人介绍，这块"宋聘号七子饼"已有80年历史，市场估价在100万元以上。

据《北京晚报》

100克普洱茶卖了16万

本报思茅专电（记者 杨然）昨日获悉，23日在广州举行的国际贸易广州芳春分会秋季优质茶评比会上，我省思茅地区思茅古普洱茶叶公司参赛的普洱茶获得了特等奖，100克茶叶被当场拍卖了16万元，成为了评比会以来拍卖价格最高的茶叶品种，被业界誉为"王中之王"。

记者昨晚电话采访了思茅古普洱茶叶公司王燕总经理。她介绍说，他们公司送了2.5公斤普洱茶参赛，当初没有指望获得什么奖项，所以也就仅仅指派了公司驻广州办事处的员工去参加，而在会后，突然得知他们的产品获得了"王中之王"称号，组委会当场举行了拍卖。一名广东客商以16万元的最高价拍走了100克普洱茶，令她和公司的所有员工都喜出望外，只是遗憾自己没有亲自去参赛。

界卫生组织认证的标准。这几位思茅来的朋友,还带来了数种产品,其中最亮眼的,自然还是「宫廷普洱」!

接着台湾地区的茶友,也提出了一些观点,重点不外围绕在茶树树种生态演化上的过程,名词的界定,以及作为一种文化的推广,所需要面对与思考的一些问题。台湾地区的茶友,拿出来的茶样,则是邓时海教授的「宋聘号七子饼」。

原来两地对于普洱茶的观点,以及思考的面向,有如此大的差距。所以或许思茅的朋友,怎么样也不能明白,如果做一饼茶,要放个二十年才能卖的话,哪有什么经济效益可言?而台湾的朋友,大约也不能了解,明明一种刚刚出厂的「白针金莲」散茶,怎么会有那么大的商机,值得商人花那么大的代价来投标,甚至说明白一些,买广告宣传呢?

我想,这是把普洱茶作为「商业产品」和「艺术文物」来看待的差异吧!我们应该要理解,云南地区茶业的生产,主要是作为一种经济事业来看待,他们必须面对产销、成本、利润、消费者口味等问题。作为大陆内地、东南亚、欧美各个普洱茶消费市场以外的台湾这个市场,没有理由要求所有普洱茶的生产,一定要依照台湾人的品味来走。但是我们也不能不请云南地区的朋友留意,台湾毕竟是重要的普洱茶销售市场之一,普洱茶热潮也是在台湾人手中点燃的,如果忽略了台湾人的品味,失去了台湾的市场,对整个普洱茶的发展来看,将是无可弥补的伤害与损失。

再举个例子来说吧!如果外出旅游,您会想到什么地方?台湾人去云南玩,最热门的地方应该是西双版纳、香格里拉,以及大理、丽江吧!而大陆朋友来到台湾,似乎也都不忘到阿里山、日月潭,以及台北故宫。为什么?理由无他,因为这些地方都代表了当地自然、人文最精华的部分。但是,旅游毕竟是一时的,生活还是要过啊!所以当我们奢想用宋汝粉青杯、永乐青花碗享用美食佳肴时,每天也依旧要用一般的瓷碗陶杯过日子;奢想从金沙江顺流而下,两岸猿声啼不住的同时,也依旧无法不在自家阳台上莳花种草、陶养性情。

人生是要粗茶淡饭过,还是要当作一场旅程?香港茶商选了宫廷普洱为茶王,台湾人则将宋聘号七子饼视为宝,孰良孰莠,端看如何去定论了!

普洱县产普洱茶

从普洱茶厂远眺普洱县，普洱茶因此地名而得名

赵经理指着照片说：「普洱茶业集团有限责任公司本身不但拥有基地茶园，也有千年古茶树。」

不知道什么时候开始，流传着「普洱县不产普洱茶」的说法。或许因为有一段时期，这个地方产的茶叶，都以毛茶的形式，输出到别的地方进行精制加工吧！才会有这种以讹传讹的说法。

窗明几净的渥堆车间

其实单就中国大陆一地来看，茶品的种类就有千百种，各有不同的名称，也用不同的方式来命名。普洱茶的「普洱」二字，用的是地名。如果从历史的角度来看，早在元朝将「步日部」汉译成为「普洱府」之后，就有了「普茶」这样的称呼。当年的普洱府，就是今天普洱县治所在地，很长一段时间，普洱府都是茶马古道的要津、普洱茶的集散地。

普洱县产茶叶的，多年以前就有。距普洱县城东北方约两小时车程的宽宏村，这个村落的后山上，就有着大片的野放茶林，这里的茶树棵棵高耸入云端，虽然已经多年没有人开采，但是从失去主干的茶树树干、等距的茶树栽培，明显看出曾经有人工种植的痕迹。

普洱茶厂一景

而且，就在普洱县城郊区的山腰上，就有一间精制茶厂，叫做「普洱茶厂」，早年以制造碎红茶为主，目前已经改组成为普洱茶业集团有限责任公司。笔者造访时，赵经理不但亲自热情接待，详细解说，还带领笔者参观精制车间、烘房，以及整套的茶叶制作设备。

普洱茶厂已经改组成为普洱茶业集团有限责任公司

制作红茶的设备

正在阴干的茶品

烘房

锅炉设备

站在茶厂四楼向外远眺，普洱县城历历在目、尽入眼帘。而茶厂内厂房整理得窗明几净、一尘不染，一批刚完成渥堆的茶叶，正在进行晾干的工序，一阵阵茶香随着微风四散吹送，那些说普洱县不产茶叶的人，要如何自圆其说呢？

鑫昀晟号饼茶

拜网络科技之赐，今天各种信息的取得，都变得相当容易，而互动接口的开发，让网络上讨论区所发挥众志成城的功效，更是不容忽视。

1999 年在台湾出现了一个以茶为主题的网站：茶颠话茶，这个网站成功汇聚了众多茶人，或发表文章，或开题讨论，造就了台湾茶叶史上茶艺论坛的盛事。这个喝茶的人看、卖茶的人看、种茶的人看、制茶的人看、研究茶叶的学者也看；台湾人看、香港人看、东南亚华人看、美国的华人看、中国大陆爱茶的人也看的网站，其中所累积的文字资料，不论质或量，都足以成为一部茶叶的百科全书了。

管理这个网站的板主兼园丁，是一位退休的年轻科技新贵，他本着「不迎客来、不送客去」的无为理想，执着而持恒地守着这个园地，对于网站讨论区的内容鲜少干涉，全凭网友理性而自治地发展，唯一的条件限制，就是不能在这里做商业的广告，或许正是这个限制，才能成就这个网站的客观公信吧。

网站最热闹的地方，就是讨论区，每天总有数百人上网浏览，数十人发表文章，许多人在这里得到了茶叶知识，也透过私人赠茶试喝的活动提升了品茶功力，更多的人则是在这里认识了爱茶的朋友，甚至精神与心灵的寄托。

综观这个网站的内容，大约可以看到两股势力的抗衡，一是台湾茶与普洱茶之间的争论，一是老普洱茶与新普洱茶之间的对立。台湾茶与普洱茶的争论，主要来自90年代末期开始，因为普洱茶在台湾吹起流行的热潮，普洱茶逐渐占有台湾茶叶市场，自然直接影响了台湾茶的销路，因此争论似乎难免。老普洱茶与新普洱茶的对立，则是因为拥有陈年普洱茶的毕竟是少数，但却是左右市场的主要因素，而新的普洱茶要打入台湾的茶叶市场，自然就必须有一些策略的应用。不过在抗衡的过程中，我们也看到了茶商之间良性的竞争，而消费者更是从辩论的文字中，吸收了茶叶的新知，提升了对茶的认识。

本文所介绍的「鑫昀晟」号饼茶，是一位活跃在这个网站的茶商「小老石」所监制的「野生」茶品。小老石从网站成立不久就开始在讨论区持续留言，而根据笔者的归纳整理，他所提供的普洱茶知识，数量相当丰富。但因为小老石主要站在新普洱茶的一方，所以受到老普洱茶与台湾茶两股势力的质疑也最多，甚至成了茶颠话茶网站最受争议的人物了。

虽然小老石的言论受到许多争议，但排除立场之争，似乎少有人对于他识茶的功夫质疑的。至于为何叫做「鑫昀晟」号呢？小老石笑说，这大约是外人永远无法猜出的秘密吧！但这秘密的答案，却正是笔者愿意将这款茶放进书中介绍的主因吧！

普茶庄订制的易昌号

普茶庄的订制茶

南糯山一号茶王树饼茶

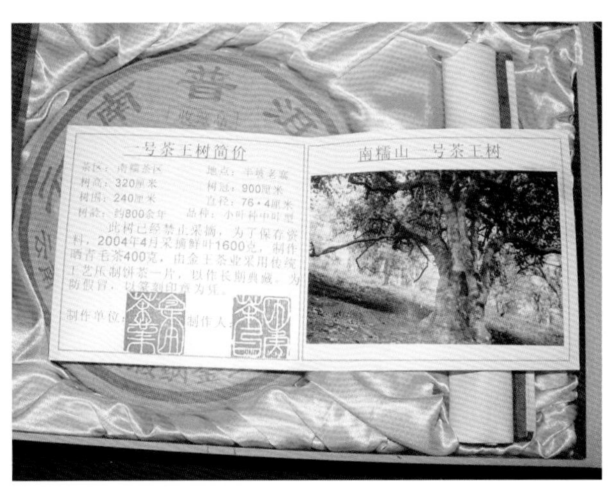

如果我们问：茶叶是商品吗？每个人对这个问题的答案大约都是肯定的。然而如果我们的问题是：茶叶只是商品吗？那么在茶人间激荡思想所迸出的火花彩焰，大约是一场精彩的讨论了。

如果茶叶不只是商品，那么，「南糯山一号茶王树饼茶」这饼茶，似乎有资格担任点燃这个话题的导火线。

我们从这饼茶的包装来看，就知道它在制茶师傅的心中价值不菲。解开缎带，掀起木简式的盒盖，里面除茶饼外，还摆了一张精美的证书和一份说明书。说明书的内容大约叙述这是饼单一棵茶树、单一采收日期、单一茶叶级数、循古法工序以石模压制。并且在茶树上，选择的是直径 76 厘米、茶龄约 800 余年的栽培型大树茶。最重要的是，这棵茶树在采摘茶叶制成这片茶饼之后，已经被当地政府列为保护的行列，禁止采摘，所以虽不至于空前，却大约是绝后了。

2002 年 3 月倚邦小叶种压制的饼茶

金王茶业

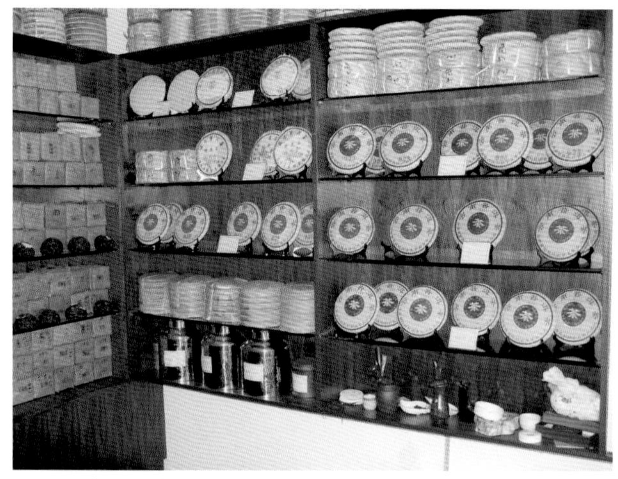
金王茶业一角

如果茶叶只是商品，这样的茶品有什么利润可言？但是如果茶叶不只是商品，那这饼茶我们又要用什么角度来看待它？

由于历史的因素，很长一段时间，云南的茶人对于制茶的观念产生断层，其中包含了是不是只有经过渥堆的茶品才算普洱茶？或是滇青压制茶才是传统优质的普洱茶？好的普洱茶是不是一定要循古法制造？古法又是什么？一定要石模人踩？一定要日晒？成品解袋后只能自然阴干？茶青要不要拼配？如果要，那是不同级数拼配？还是不同茶区、季节、年份、品种互拼？……太多的问题，因为新茶品转化的时间还不够，所以并没有一致的标准答案，也就形成各弹各调、各自表述的现象。

这些问题中，如果从拼配的角度来看，就有主张口感必须靠拼配才能提升的制茶师傅，也有主张必须采用单一级数、单一茶区的茶青来制造茶品的茶人了。所以，如果我们拿一片勐海茶厂 2004 年春天压制的大益牌 7542 大宗商品货，来对照本文介绍的茶品，那么问题似乎就非常清楚了：前者应该可以满足广大市场的需要，后者却是一种制茶理念发展到极致的展现。

也许这饼茶依旧是一件商品，但是如果它只是爱茶人对茶爱恋的一种表现，茶本身既不喝也不卖，单纯只是典藏，那么又如何说它只是一种商业噱头呢？那么，我们又要如何定义它只是一件商品呢？

金大益七子饼

2003 金大益七子饼

20世纪90年代中期,勐海茶厂开始筹组「勐海茶业有限责任公司」,从国营茶厂逐步朝有限责任公司的制度改变,1997年老厂长邹炳良退休,似乎也正式宣告了茶厂旧时代的结束,接着上任的是卢云、阮殿蓉、郑洋三位厂长,三位厂长除了要面对越来越多的私人茶厂竞争之外,还要处理茶厂附带的啤酒厂和玩具公司的事业,任职并不轻松。2004年的夏天,勐海茶业责任有限公司已经准备由富邦科技公司接手,至此全面民营化了。

21世纪的今天,当我们热热闹闹地介绍着,如雨后春笋般投入茶叶市场的私人茶厂茶品时,似乎不能忘记勐海茶厂这面老字号的旗帜,因为以勐海茶厂的规模,其它茶厂要与之抗衡,并不是那么容易。不过,虽然勐海茶厂在云南的茶叶市场,依旧占有广大的市场,然而也正面对许多挑战。

人事更替的过于频繁,似乎透露出勐海茶业有限责任公司的一项隐忧;而一些制茶老师傅或退休,或离开茶厂、自创茶叶事业,则是另一个显著的问题。问题至少表现在两个面向,其一是某些茶厂吸收一些老师傅来制茶,为了销路,却依旧打着勐海茶厂的旗帜,由于带着旧有的经验技术,制出来的茶品有时候在市场上很难区隔,也造成了市场上茶品可能的混乱。其二是几位前任厂长今天也有自己的茶叶事业,虽然是扩充了勐海茶业有限责任公司的整体事业版图,但是毕竟每一次的出走,总带走部分资源,对于原茶厂多少造成影响。

新的紫大益七子饼

2003 银大益七子饼

勐海云梅春茶

紫云号圆茶

这些茶品乍看之下似乎眼熟，但都是私人茶厂压制的茶品

私人茶厂自创品牌，普洱茶的市场热热闹闹

虽然勐海茶叶有限责任公司面对着许多困难与挑战，然而我们见到今天的茶厂依旧有着接不完的订单、出不完的货品。究其原因，除了拥有大量丰富而资深的茶叶技术人员之外，得天独厚的地理环境、经年久月的技术累积，以及拥有广大面积的基地茶园，使得茶品能够持续维持一个高档水准。

除此之外，内部管理与行销人员持续掌握市场脉动，并且配合市场上的需求，接受茶商订制各类不同档次与品质的茶品，以满足各种消费者的喜好，也使得茶厂茶品在市场上依旧拥有大量而固定的消费群体。如今，例如金大益饼茶、银大益饼茶、云梅春茶饼茶、紫云号圆茶、班章七子饼茶……在市面上都有很好的口碑。

因此，我们相信，拥有丰富传统历史以及茶业资源的勐海茶业有限责任公司，在未来的岁月中，将依旧是云南茶叶市场一面鲜明的旗帜，引领着云南的茶业经济，走向更辉煌丰收的前程，且让我们拭目以待。

勐海茶厂巴达山的茶园基地，有种茶树的芽头与嫩叶呈现紫色，非常特别，紫云号圆茶与云梅春茶就是用这种茶叶制成的饼茶

图片提供　石昆牧

下关饼茶

2004年的下关七子饼茶

面对茶叶市场的开放，以及国有企业的民营化，下关茶厂所遭遇到的问题，似乎远比勐海茶厂少，根据笔者的观察，其中重要的原因，是因为冯炎培老厂长成功的领导。冯厂长如何办到的呢？几经深思探究，笔者认为下关茶厂虽然实行厂长负责制，但冯厂长对人以民主方式管理，采用内部的激励和约束机制；对事则以科学精神建立制度，掌握市场与时势的脉动，多管齐下，方能成效显著。

下关茶厂推行民主选举制度，并且实施按件计酬、超产奖励的经济责任制，以及推行三大制度改革：人事管理方面打破工人、干部的界线，采用层层聘用、分层负责的办法；劳动用工方面则用法律文书形式明确规范权利与义务；在工资分配方面则依责任大小、技能高低、强度大小、环境好坏等条件划定工资标准，形成「岗位靠竞争、收入靠贡献」的局面。

优质的产品，是企业生存的基本条件。下关茶厂对于产品的生产过程中的监督检测，有一套完善的制度。因为维持高质量的产品，维护既有的口碑和品牌，才能扩大稳定、持久的消费群，也才能使企业永续经营。

然而何谓「优质的产品」？应该是指消费者接受而喜爱的产品吧。下关茶厂非常注重消费者的

2004年的下关铁饼

早年下关茶厂出品的小饼茶

下关茶厂的风花雪月饼以包装特殊取胜

回馈信息，冯厂长并且多次率领职工深入销区了解情况，作为市场调整经营的策略依据，这点相当值得借鉴。

然而产品要能够跟得上潮流，并且成为领导潮流，就必须重视产品的研究发展。长期以来，下关茶厂成立科技队伍，进行茶业技术的指导与推广；自己建立茶叶生产基地，并且机械设备也持续研究改进，以提高工作效率与产值……因为对于研究工作的重视，使得不论人事管理、机械设备、产品品质等各方面，都能有较好的发展与进步。

2004 年的下关甲级蓝印七子饼茶

2003 年下关茶厂出品的小铁饼

2004 年的下关红印七子饼茶

今天，下关茶厂在陈国风、罗乃欣先生等新生代的领导下，继续朝着「重质量、抓管理、兴科技、拓市场」的方向迈进，除了持续生产高质量沱茶外，也积极开拓饼茶的市场，例如南诏圆茶、风花雪月饼茶、红印蓝印七子饼、下关七子铁饼……就是市场上新见的茶品，而且依旧维持着早期铁饼模的特色，其中又大约可以分成两种方式：一是直接将毛茶置于模具中蒸压，这类茶品如同早期铁饼一般，背面留有明显的蒸气孔；另一类则是将毛茶装袋后再行蒸压，这类饼茶饼身较结实，如同早年的中茶牌简体字七子饼茶与中茶牌繁体字七子饼茶，依消费者的喜好自由选择。

下关茶厂出品的各式各样茶品

下关茶厂出品的饼茶、紧茶、砖茶

南诏圆茶

「易武正山」普洱饼茶

这些茶都标榜"易武"

2004年的云南茶界，流传着一句众所皆知的俗语：「易武的茶，拉进去的比拉出来的多。」大意是说，因为易武的茶价好，短短几年翻涨了许多倍，因此许多其它地方的毛茶，趁着夜晚一车车拉到易武去，到了天明就在大街上进行交易。换句话说，那些标榜着「易武正山」的茶品，有许多并不真是易武或是六大茶山的茶青，而是各地拉进来的。根据笔者查访的几个资料平均来看，易武茶叶今年产量远小于卖出的数量。

此外，笔者亲自拜访了易武的某茶厂，也看到茶叶在精制的过程中，投入蒸筒的茶叶分成三堆，显然夹在中央的茶叶是比较次等的；更有甚者，或许标榜「乔木」的茶品，也不过是表面铺上一层乔木茶叶的灌木茶园茶品了。

当然，这个现象并不是说易武的茶就一定好，或是一定不好，只是因为易武茶叶的名气大了，茶农、商人见有利可图，也就一窝蜂投入这个市场，造成这种现象，乃至于「乱象」了。具体的情形大约可以归为三类：

第一，品牌乱。全云南各地制造的茶，都有可能打上「易武正山」的字样，但是到底有多少茶叶真正是易武所生产的？却相当令人怀疑。

第二，茶厂乱。短短两三年的时间，易武的精

制茶厂迅速增加到数十家，但是真正取得合法商标、工商营业执照、卫生许可证、质量检验证明的茶厂却只是少数中的少数，缺乏一套监督的机制，造成了茶叶制造水准参差不齐。

第三，茶农乱。包括了将夏茶和秋茶混拼后当秋茶卖、新茶园与老茶园茶青混拼当老茶园茶卖，毛茶的价格虽然提高但是部分茶农制做质量却下降，为了增加重量在毛茶中洒水掺砂，在毛茶中混入红毛树和小青藤等植物的叶子充数……。总之，为了短近的利益，以次充好，乃至于以假充真。

事实上，祖先们早就留下了经验与教训。打开云南茶叶历史，曾经有过数次类似的经验，最接近的一次，就是1989年的「茶叶大战」，结果都不外乎造成茶厂倒闭、茶业凋敝、市场一蹶不振。

所以，如果能够记取历史警示，针对问题进行研究与防弊，相信以易武的名气以及茶叶的品质，作为一种经济作物，一定是可长可远的投资。但是如果不能管制外地茶叶运入，不能做好茶叶分级，农药化肥无法妥善管控，茶厂技术与卫生条件没有管理监督的标准，做不好产品检测的工作，那么易武的茶叶繁荣景象，大约也就是昙花一现了。这需要从政府部门一直到茶农居民形成一定的共识，并且贯彻执行才行，身为消费者的我们，除着急地呼吁之外，似乎只能引领期待了。

龙园号 — 西双版纳建州五十周年纪念茶

回顾普洱茶的历史，1949年以后中国大陆的茶业逐步收归国有，几年内私人茶庄的经营大约就终止了，至此滇南的茶业发展，几乎都交给国营的勐海茶厂统筹。随着制度改变的同时，地方行政区域也重新划分，西双版纳州在1954年成立，而滇南的普洱茶主要产区，一大部分都归入了西双版纳州的范围。我们看到「印字级」与「七子级」普洱茶的历史发展，几乎就和州政府的发展同步并趋，一起度过了半个世纪。

因此，在西双版纳州政府建州五十年时，选择以普洱茶来作为纪念，不但可以透过对普洱茶的回忆，同步唤起了州政府过去五十年一路进步发展的记忆；同时直接将西双版纳与普洱茶做了连结，也显示出西双版纳州的象征代表标志，如今似乎可以改口称为「孔雀与普洱茶的故乡」了！从这个角度来看，西双版纳建州五十周年的纪念茶，实在有它不同的意义。

这是一款由西双版纳州政府主导制作的茶品。其中除了标榜茶树、茶区、限量之外，还有一张证明书，上面盖有州政府的章，而包装纸、内飞、内票也都盖上了茶品的编号。根据茶商的说法，这款茶州政府在2002年决定制作，接着就开始在澜沧江以东的地区寻找茶园，然后长期追踪茶园管理。2003年春进行采收，并且州政府同步开始寻找合作茶厂，最后由国营的大渡岗茶厂取得制作权，并由龙园茶厂压制。这款茶的总量只有15 000片，目前除了少数当作州政府的赠品之外，大部分的茶品都还在茶仓中，预计在若干年后，才会有正式的开仓仪式。

由于90年代中期以后，私人茶厂如雨后春笋般成立，不同的茶厂，不同的年份，甚至不同批茶，茶品都可能有不同的品质，这么庞大的茶品种类与数量，如果要一一介绍，规模会像百科全书般庞大。因此，笔者只能尽力查访茶区、茶行，选出优质的茶品，除了作为普洱茶一部分历史的记录外，也希望借此丰富普洱茶文化的内涵，并窥得一些未来普洱茶发展的蛛丝马迹。本书就以这款2003年的茶品作为最后一篇介绍文，也希望在被高度重视、蓬勃发展的今天，普洱茶的未来发展能够更稳健，更广为世人接受与喜爱。

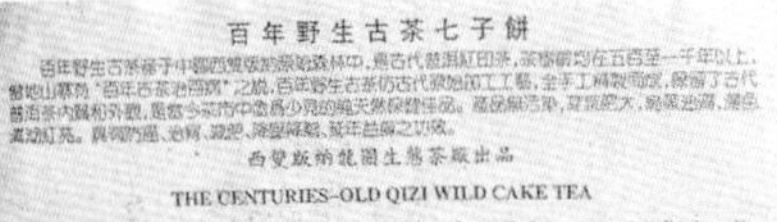

百年野生古茶七子饼

[illegible]

西双版纳龙园生态茶厂出品

THE CENTURIES-OLD QIZI WILD CAKE TEA

The centuries-old wild tea from the virgin forests of Xishuangbanna Prefecture was originally the major component of the ancient Pu'er Tea known as the "Hongyin Tea". The age of such ancient tea trees averages between 500 and 1,000-plus years, and the local mountain folks believe that "Tea from century-old tea trees may cure a hundred kinds of diseases". The ancient tea-processing technologies are adopted to produce the centuries-old wild tea, in which the processing is exclusively done by hand. Pollution-free, the product has retained the best qualities of the ancient pu'er tea featuring fleshy and shining-black tealeaves, and the tea soup shows a brightly reddish color. An absolutely natural functions for preventing cancer, strengthening the stomach, reducing body weight, suppressing hypertension and decreasing blood fat, and may thus help prolong human life.

Produced by Longyuan Ecological Tea Factory of Xishuangbanna Prefecture, China

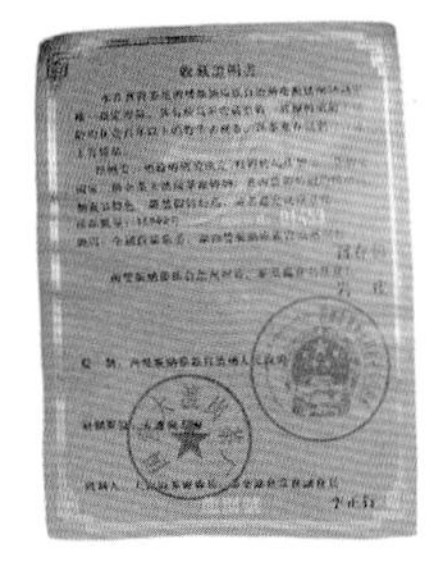

普洱茶是生命艺术

邓时海

纲要

中国茶文化，就是整部中华文化的缩影。所以茶能够在千百年之前，就从人们生活中「开门七件事」跃升艺术境界，更进入了思想哲理的道学意境。在上百种类别的茶品中，普洱茶可以称为「茶中之茶」！

道学所探讨的是「真」之意涵。真有着道之意境，是生命的躯体。真，是生命的本体；生命是个体从无到有，又从有到无的历程。所以生命是从历史走出来的，也会从历史走出去，染着浓浓历史的「陈」韵。因此，陈是生命走过历程的力量痕迹，会令人产生莫名的美感。陈，是生命的力量；生命历程中有着各阶段变「易」不同的实象，各个阶段的实象连成了生命过程。每一个不同阶段的实象，就是那充满着易转变化特色之美的过程。易，是生命的过程！

中国是茶的故乡，云南是茶的故土。那里的普洱茶蕴含最健康养分、最甜美滋味。然而，普洱茶以陈年品饮为最佳，在经过数十年陈化生命过程中，有着太多破坏性因素。所以，以是否品尝到陈老普洱茶之真正的真性原味，而论定是否为好普洱茶品。真，为普洱茶生命之美；普洱茶是以陈老而品饮最适宜，过去岁月、将来可期的陈韵，被作为品尝普洱茶的标杆之一。陈，为普洱茶生命之美；每一道普洱茶在冲泡过程中，先后有着不同品味的表现，如同生命历程中有着各阶段易转不同的实象。易，为普洱茶生命之美。

「真、陈、易」是为普洱茶美的特色及内涵！

真、陈、易是美的核心，是艺术的内涵，是生命的艺术。凡是内涵着真、陈、易的优质者是为好普洱茶，所以是普洱茶是生命艺术。普洱茶是越陈越香，普洱茶之美在真、陈、易。普洱茶是一门生命艺术！

内文

「真」，是生命历程的存在实体。

真是道家用来诠释且认为是人类生命的全部！我们不去讨论如何的「有生于无」，亦无意去探究如何的「道生一、一生二、二生三、三生万物」。而「有」「万物」者，是与「无」相对的，是最真实存有的。真被喻为存有的核心建构，真更被视为具体的外表形象。所以老子说：「修之于身，其德乃真」，人的躯干身体当然是存有的．是具体的，修身之养性强身的方法步骤，外在的身躯而内在文化气质，是为修真常德。近代北京的《白云观》珍藏有《修真图》一幅，明示以调理身心，修炼精气神的法程功夫。

为了求真，老子不畏得罪了在朝为政的儒家，极力倡明「故大道废安有仁义」「夫礼者乱之首也」，

所以主张「绝圣弃智」「绝仁弃义」而力行「我无为而自化，我无欲而自朴」「复归无极，复归于朴」，是为了得到反朴归真。因为「有名朴散为器」，然而「大制无割」的。所以积极实践反朴归真，是以符合于「道恒无名」「道恒无为」的真之旨趣。

真就是存有、就是具象。然而道所生的存有具象，道所生的真，并非永恒性的，「可以为天地母字之曰道，强为之名曰大，大曰逝、逝曰远、远曰反」，反者「朴归于其根」。因之真是有始有终的，即使「慎终若始」，还是始、终有别。有始有终，由始至终，生于始而后归于终，谓之为「生命」。真，生命也！

「陈」，是生命历程的时间轨迹。

陈是生命走过的轨迹，是生命历程的时间累积，令人产生莫名的美感，是生命的力量。陈在艺术领域中是一种莫名而强烈的美感！艺术本是美的事和物，艺术与美是为表和里的关系。「未知生焉知死」是孔子给儒家对生命观，做出了决定性的结论，而「慎终追远」「无后为大」，成为儒家对生命一贯的「荣耀与责任」之价值观；在佛门的世界中，除了当下的今生之外，更有前生和来世。今生生活之一切，或多或少是前生造业的投射，也或多或少是在走着来世的前头路。所以前生对今生，今生对来世或者今生已走过的时间，就是一种「因果和祈许」；「天地不仁以万物为刍狗」，生命的尽头只是灰飞烟灭而已。是老子教道家对生命的认知，说出了一个「真实而恐惧」的结局。

陈是荣耀与责任、是因果和祈许、是真实而恐惧，都是对生命走过的岁月日子，会有一份无限的珍惜及追忆。珍惜、追忆往往形成了内心最深层的美感。当面对着陈老的情景，人人内心就会产生一股莫名的无与伦比、无限大的美感力量，一种生命的力量！

「易」，是生命历程的空间形象。

《周易·系辞》：「生生之谓易」易即一切生命之发生成就，变化之理。在易经中，已认识到阴阳之能，此阴阳之能又产生于虚空，妙有之太极，太极旋转不息，刹那生灭，变化不止，循环而永恒，故谓之易。汉代郑玄有三易之说：一曰简易，二曰变易，三曰不易。一切最复杂的事物变化现象，其原理皆极简单的；凡事物变化不息其中必有一简单的原理存在。因此简易、变易、不易之三易，是以变易为核心者。

然天地万物之生生不息，变化不已。今日之花已非昨日之蕊，明日之果又非今日之花；汲水而出已非手入之水。况人事纷纭，瞬息万变，如何测其变而握其机，则在于推理。易者，交也，观万物万象之相而探其变化之理则，称之为变易转化。在万物之演变中，有绝对之道理存在，在瞬息不停之变化中，亦有着永恒不变之理则。易转乃是宇宙与人生进化之理则，及永恒之道。

《系辞》：「神无方，而易无体。」易经是以变化为中心，简易即变易之根，不易即变易之果，一切现象皆在运动不停，生生不息。循环而变化，变化而循环，周流不息，生生不已。生命的过程就是不停地变易转化着，易是生命转化的过程。

「真、陈、易」是生命艺术的本体

生命是存有个体，从无到有又到无的历程。真是无为的道理，是存有具象的实体，是生命的本质；陈是

生命时间的累积，是莫名的美感，是生命的力量；易是生命的空间形象，是生命的里程碑，是生命的历程。真、陈、易形成生命艺术的本体建构，真、陈、易本是生命的艺术。

有真性的普洱茶就是好普洱茶品

中国茶的种类繁多，都各具其特色。如绿茶之美在于「新鲜香雅」；半发酵茶之美在于「酽丽长韵」；而普洱茶则美在于「山性陈气」。

普洱茶品茗艺境的认知，首先要知道什么是「真性普洱」。真，其性也，物之真实性。普洱茶的真性是「厚化兰樟香、山头原林韵」。求普洱茶的真，其必须先有好的普洱茶青。自古以来出自六大茶山的乔木茶青为最优良，而且以易武茶山最胜。其次以勐海、凤山、勐库、双江、思普、江城、勐弄等茶区，都有好的普洱茶青。这些来自云南大茶山，与樟树混生的大叶种乔木茶树的普洱茶青，其真性原味是有着醇厚甘化的茶汤、「兰香」或「樟香」的茶香以及有「山头原林」的磅礴气韵。有了良好的普洱茶青，要求得到真性普洱，还必须要符合最能影响普洱茶真性的两个重要条件，一是普洱茶的生，也就是制造工序；二是普洱茶的长，也就是其陈化过程。真性普洱的制造工序，必须是将普洱茶青制作成「生茶青饼」。传统的普洱茶是制作成生茶青饼茶品，经过四五十年长期陈化后，才起出品饮或销售，方能得其真性之美。从 1973 年之后，全面推广「熟茶普洱」，在制造工序中加以渥堆发酵（快速陈化），可以在出厂后马上饮用及贩卖。根据品茗的经验，一旦经过渥堆发酵的熟茶普洱，破坏了品质原味，失去了普洱茶的真性。因此生茶青饼是真性普洱茶品重要的工序条件。至于真性普洱的陈化，必须是干仓陈化。凡是能够保有真性的普洱茶品，就是好的普洱茶。

陈韵是普洱茶特有的品味和艺境

其次，上好茶青做成的生茶普洱茶品，经过长期干仓陈化后，才会显露表现出普洱茶的真性原味。所谓干仓是从较广义条件层面认定的，如贮茶的环境必须保持一定的干燥，不至于形成茶品霉变；不可污染上杂味；也不可发生虫害。凡是经过霉变、杂味、虫害等非正常的作用，普洱茶品将失真殆尽。干仓陈化的普洱茶，才会成为越陈越香的美好茶品！

越陈越香是形容普洱茶最切题的一句名言，美好普洱茶和美酒一样都必须要有一段漫长的陈化时间，尤其是普洱茶更有「祖父做孙子卖」的美誉。「茶，点仓。树高二丈，性不减阳羡。藏之愈久，味愈胜也」（《嘉靖大理府志》李元阳著）。「饮之可以消积食，去胀满，陈者尤佳」（《黎岐纪闻》张庆长著）。以上文献已说明了普洱茶是以陈老而品饮为最佳的茶品。

普洱茶以云南大叶种的茶青为最优良，大叶种茶青所含有的物质成分特别丰富饱满，所以制成的生茶普洱茶品，其味特别苦涩浓烈，不适宜新鲜品饮，必须经过长期贮存陈化，待其苦涩消退后，才显露出其原味真性。也因为经过长期陈化的效应，使得这些老普洱茶品有着一份浓厚的陈韵之美，陈韵是普洱茶特有的品味和艺境。越陈越香似乎是专属于陈年普洱茶的特有词汇了！

普洱的品味和艺境随冲泡而易变

一道好普洱茶的冲泡品饮，从温润泡而后，一直到最后冲的历程中，每一冲都有不同品味和艺境的易转变化。普洱茶的品味和艺境随着冲泡的次数而变化强弱、厚薄；同时普洱茶的品味和艺境也随着冲泡的

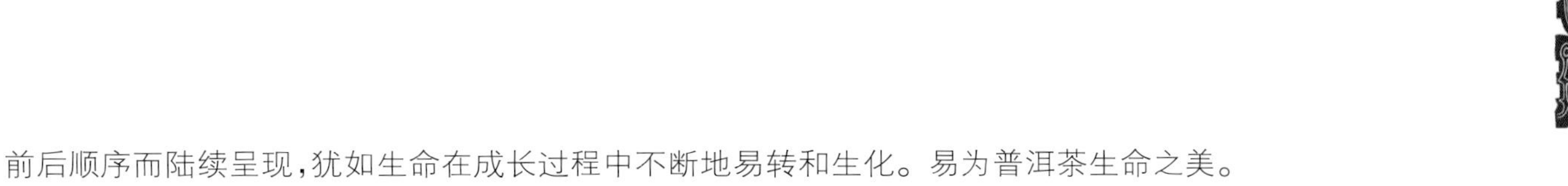

前后顺序而陆续呈现，犹如生命在成长过程中不断地易转和生化。易为普洱茶生命之美。

普洱品茗在欣赏普洱茶生命意境

美好的普洱茶品，可供品茗的普洱茶，是蕴藏着「山性陈气」的普洱茶品，在茶汤中可以表露出真、陈、易的艺境之美。真是生命的本体、陈是生命的力量、易是生命的过程。艺术所追求的是「真」的意涵；「陈」会令人产生莫名的美感；生命的过程充满着「易」转的特色之美。真、陈、易是美的力量，是艺术的内涵，当然也就是生命的艺术。同时，凡是内涵着真、陈、易的优质者是为好普洱茶。普洱茶品茗就是在欣赏普洱茶的生命意境美，在人类生命过程中，在艺术天地里，真、陈、易的好普洱茶，能为之增添无限的辉煌和光彩。普洱茶是越陈越香，普洱茶被喻为茶中之茶，普洱茶之美在真、陈、易。普洱茶是一门生命艺术！

普洱传统茶艺将中断四十年

邓时海

纲要

「山性陈气」涵化于越陈越香之中，是普洱传统茶艺之美

「七子饼」时代之始，陈香艺境逐渐消失而即将形成中断

普洱茶的真性是「山性陈气」，也就是普洱传统茶艺的「艺术真性」，真性要素是：云南大山樟林、大叶乔木晒菁、古法生茶干仓、后发酵老气韵。完全符合这些真性因素的，是为「真美普洱」（可供普洱传统茶艺品茗的茶品）。这些普洱茶的真性因素，在20世纪50年代开始，因为普洱茶园生态的改变和茶厂制茶工序的革新，以及传统工艺不断地在流逝，到「七子饼」取代了「圆茶」的60年代，真美普洱就因此出现了生产中断的现象。真美普洱茶品适合品茗的陈化期，约为四五十年以上。也就是形成当今可供传统茶艺品茗的普洱茶品，开始出现青黄不接的困境，而形成了普洱传统茶艺即将进入中断时期的原因！

形成真美普洱茶品断产的如此彻底，主要原因是受到经济潮流的冲击以及公家茶厂全面取代了私人茶庄的茶品生产。1995年有昆明私人《古云海茶行》制造了第一批复古普洱茶品《云海圆茶》，采用了乔木青毛茶，参照古法做成生茶圆茶，激活了普洱茶艺复古之风，也的确促成了目前复古普洱茶的热络风气。期待能及时找回已经中断的真美普洱之传承，给予四十年之后的普洱传统茶艺有再生的契机！

然而真正传统的古法工序已不复存在，如果只靠个人私自的想象和揣摩，是无法有效地回归到真正传统的道途上的。应该由公家设立研究单位机构，以团队的智能和力量，方可能找回传统普洱茶制作的方法工序，赋予普洱传统茶艺承前启后的生命力；挖掘中断了的普洱茶艺的传统工序和真美品质，以艺术的力量来登高带动，而促进普洱茶永续发展，才能真正谱写普洱茶事业的再度新荣景！

内文

尽管现代的普洱茶品大量充斥市场

但可供茶艺品茗的普洱茶即将中断

当今掀起了普洱茶热潮只是流行风

挖掘中断传统促进普洱茶永续发展

过去，一般人都认为普洱茶就是「熟气霉味」茶，提起普洱茶就想起「酱油色、草席味」。经过了一段「尝试错误」的学习时间，渐渐有了领悟，会选择「生茶干仓」了，而且也能品尝出「乔木老普洱」的茶性，普遍都臻达为成熟的普洱茶人。无奈，那些完全符合普洱茶「艺术真性」的要素，「云南大山樟林、大叶乔木晒菁、古法生茶干仓、后发酵老气韵」的「真美普洱」（可供普洱传统茶艺品茗的茶品）在20世纪50年代开始，因为普洱茶园生态的改变和茶厂制茶工序的革新，已经走上了一段生产空白时期，使普洱茶传统艺术历史将形成中断的状态！

一、茶艺品茗的普洱走入了断层

形成真美普洱茶处在现阶段的困境和断层，究其根本原因有二：一是普洱茶近代生态的丕变；二是在20世纪60年代末烧毁了大部分的陈年普洱茶茶库。陈老的茶品几乎没有留下来，而过去40多年以来又没有新的真美普洱茶品出现，所以想没有困境、想不断层也难！

1950年以后，云南的普洱茶在生态上有了极大的改变，同时制造工序上也有了革新。所以不管在普洱茶品质上，或是品饮上都有了不同的面貌和品味。很显然的，新普洱茶已经走到另一个方向，这种新的方向将普洱茶带到怎样的境界？又会发展出怎样的「普洱新式茶艺」？有待新普洱茶在未来文化、市场上所呈现何种角色而定了。然而可作为传统普洱茶艺品茗的真美普洱茶品，直至目前仍处在断层间期之中！

二、经济发展截断真美普洱茶源流

20世纪50年代开始，首先以「合作社」形式，联合云南省的各个私人茶庄，形成一个松散的整体，互相支持，互相调配，有了集体的概念。在云南省茶叶公司的领导之下，整体运作营业。接着私人茶庄只能零售，不准批发，大大缩小了私人茶叶经营范围。再接着实行全国茶叶「统一收购、计划分配」，私人茶庄所经营的茶叶，一律纳入国家计划安排。云南普洱茶从此就「中央掌握，地方保管，统筹分配，合理使用」。为使茶叶纳入国家计划轨道，茶叶的生产制造，已经完全由「人民公社」掌管处理，再也没有私人制造储存的茶叶，连同过去所留下的老茶品，都先作「安全登录」，然后再以由「国家保管」而收为公有，储存在公家茶库中。

从此，那些私厂具有传统性、独特性，可供品茗的真美普洱茶品不再生产了，取而代之是由公家茶厂大量所生产，普通而商品化的普洱茶品！

三、过度生产老茶园遭受了摧残

1958年各级政府扩大普洱茶的生产，鼓足干劲，千方百计完成任务。于是各个茶区全民上山，人人采茶叶，造成了「一把捋、抹光头、砍树摘叶」，形成了全面摧毁的残酷现象。茶树都成了「三炷香」的光丫枝，产量严重下降，乔木老茶树茶园因而毁灭严重，云南省茶园由60多万亩锐减为一半之数。接着又有「以后，山坡上要多多开辟茶园」的政策，全省热烈响应，掀起了发展开辟新茶园高潮，要重振以往茶叶生产的荣景。然而，新茶园的品质已非昔日同等之了。60年代初期，为了实现茶叶大量生产的目标，改进旧茶园，开辟新茶园，引进了扦插栽种技术，培植灌木茶山，人工少、产量大，完全配合经济效益，而忽视传统普洱茶应有的艺术真性和质地品味！

四、传统被破坏并且烧毁老茶品

20世纪60年代末，发生了「破传统、去老旧、抓生产」的社会潮流，一方面把陈老的普洱茶都扫出门，那些储存着过去私人茶庄制造的陈茶茶库，大部分被毁，而剩下小部分的老茶品都卖到海外赚外汇。1973年下关茶厂制造了一批销到西藏的紧茶，藏胞饮后头晕，血压不稳，甚至有呕吐的现象。在这段期间，

云南省茶叶公司完全改变了普洱茶传统的命运，取而代之是以生产红茶、绿茶和熟茶普洱茶（蒸压前经过渥堆发酵工序）等多样化茶品。云南的滇红卖到国际市场赚取外汇，绿茶是在省内销售，而熟茶普洱茶则销到港澳及东南亚等地。目前我们仍可以买到昆明茶厂出产的「73厚砖」。73厚砖是一批重发酵和添加红茶末的普洱砖茶，改变了普洱茶的本质，由传统生茶制造成为发酵熟茶。甚至今天仍有部分学者专家，认为只有经过渥堆发酵的才是普洱茶。

五、经济改革与真美普洱相背驰

改革开放以后逐渐倾向于市场自由竞争潮流，以经济市场导向，讲究经济的效率。在云南省红河州元阳县召开了「新茶园密植速成高产学术研讨会」，提倡每亩地密植茶树3000～5000株为标准。会议非常成功，政令也十分贯彻，促进了云南省密植茶园大图发展。从此以后，云南普洱茶的茶园生态，完全改头换面，彻底革新，成为「山坡灌木、矮化密植、人工肥料、机械采收、叶薄光面、高度产量」的灌木新茶园。而过去传统旧式「大山樟林、乔木老树、肥芽厚叶、人工采摘、低度产量」的乔木老茶园，不是被改作新茶园，就是被丢弃着任其荒芜。现在云南省的新茶园开发非常成功，到了1990年全省的茶园达到220多万亩，年产量为4.45万吨，2004年则增加到了9.51万吨，经济改革的确促成了经济的发展。但已形成绝大多数的普洱茶，成为灌木矮树茶园茶品，已无法生产具有普洱传统茶艺品茗的真美普洱茶品的能力了。

六、老茶品难寻而赝品趁虚蔓延

茶人对普洱茶的品茗逐渐有了正确认知和方向，但是陈老的真美普洱茶品，早已经不容易在流通的市面上找到。不是已经被当作学习教材喝掉，就是被那些先知先觉的茶人当作古董珍品收藏着。同时现代普洱，诸如各种七子饼、砖茶等，多为灌木新树茶青而且是人工「适度发酵」的熟普洱产品，不符合传统品茗艺术的需求。因此许多仿老赝品就应运而生，如仿造「双狮同庆」「陈年宋聘」等，蒙骗过相当多普洱茶新手。如今大家对普洱茶品茗功力已提升，辨伪能力也强化，一般赝品的陈茶也就无法鱼目混珠了。茶人有了品茗普洱茶功力，燃起了品茗陈老真美普洱的兴趣之际，可是处在现今这段青黄不接的时期，而赝品又被识破不再饮鸩止渴。此时此刻，凡是喜好陈老真美普洱的茶人，的确正处在望梅止渴的痛苦阶段中。陈老真美普洱价格被商人炒作昂贵，又加上赝品的充斥，必然影响了普洱茶整体发展的方向和荣景。

七、普洱茶艺历史将中断四十年

普洱茶的荣景是从明朝开始，而随着清朝的衰败而没落，尤其到了光绪三十年，停止了普洱贡茶一百八十多年的贡茶历史，再也见不到普洱茶品过去那种交易热络的荣景。只有一些精致普洱茶品，因应少数高尚茶人的需要而继续少量生产。这种苟延残喘的现象，一直延至20世纪50年代末期，「七子饼」代替了「圆茶」开始，真美普洱茶品总算断了气，也就形成了传统普洱茶艺术近代历史的中断。这种断层的原因是在50年代初期形成的，为了配合大量生产，利用农业科学，由乔木型茶林变成灌木茶园，开始了普洱茶生态上的突变。虽然往后的确达到了经济利益的功效，而却无法继承普洱茶那种传统独特的风韵和越陈越香的艺术生命。60年代初，最后一饼纯正乔木生茶的印字级普洱「大字绿印」出品之后；虽然还有生产「水蓝印」七字饼、「广云贡饼」「银毫沱茶」「七三厚砖」「七子黄印」「红带七子饼」「白针金莲」散茶（有

相当美好荷香和品味纯灌木茶青），但是以上这些普洱茶品，毕竟都已经是灌木茶青，而且也是轻度或重度发酵的熟茶，没有了纯粹乔木生茶的「山性陈气」艺术真性的气韵和品味（可贵的是这几种茶品，都是新的茶园，土壤自然养分的灌木茶青以及掺有乔木茶青的茶品）。所以已经四十年了，期间未曾出现过真正美好的普洱茶品。偶尔有一些所谓生茶（轻度发酵）的七子饼，虽然工序上掌握了相当程度的传统方法，但毕竟和纯正的传统乔木生茶有着相当大差距，因此造成真美普洱在这段历史中的欠缺而真空。以必须陈化四五十年以上的陈年真美普洱，才有足够条件作为普洱传统茶艺品茗的茶品，那么打从现在起，将形成普洱传统茶艺往后一段至少四十年的断层期！

八、真美普洱新纪元的期待

真美普洱生产的中断，形成现在普洱茶市场一种奇特现象：一方面四五十年以上的陈老真美普洱待价而沽，而且茶品不容易看得到；另一方面新的普洱茶品则满街满巷且低价求售，这种两极化现象已经引起许多茶人和茶商的注意。站在茶人的立场，对普洱茶文化历史的延续发扬，具有一份强烈的使命感；而在茶商方面的考量，对真美普洱是否能够重生于茶品市场，已经产生了十分的兴趣。在使命感的驱动下，那种传统的乔木生茶普洱茶，已经有重现江湖的契机。1995 年昆明市私人《古云海茶行》首先收集乔木茶青，参照传统工序生产压制了一批《云海圆茶》，重启了乔木生茶普洱茶生命的开端，也形成复古普洱茶品「乔木级普洱」时代的来临。然而这种契机，是否真正能恢复真美普洱的生产，能否衔接普洱传统茶艺已经中断了 40 多年的历史？且让我们拭目以待吧！

遗憾的是，目前在研发乔木生茶普洱茶的，都是一些私人的农家或企业，进展的力道和速度有限。期待云南有关单位和学术单位，共同投入研究，重新找回那种可提供普洱传统茶艺品茗的真美普洱茶品，以带动普洱茶市场的热络风气，重振普洱茶应有的雄风和荣景！虽然目前在国内已经掀起了普洱茶热潮，那只是受海外普洱茶热潮流行风冲击的假象而已。也唯有挖掘和继承普洱传统茶艺的生命和功能，以艺术的力量来登高带动，促进普洱茶永续发展，才能真正筑就普洱茶事业的再度新荣景！

图书在版编目（CIP）数据

普洱茶：续 / 邓时海，耿建兴著 . —昆明：云南科技出版社，2005.7（2023.7 重印）
ISBN 978-7-5416-2205-2

Ⅰ . ①普… Ⅱ. ①邓… ②耿… Ⅲ . ①茶—简介—云南省 Ⅳ . ① TS272.5

中国版本图书馆 CIP 数据核字（2005）第 075005 号

普洱茶 · 续

PU'ERCHA · XU

邓时海　耿建兴　著

策　　划：孙　琳
责任编辑：孙　琳　胡凤丽
整体设计：邓玉婷　沈洪瑞
责任校对：叶水金
责任印制：翟　苑

书　　号：ISBN 978-7-5416-2205-2
印　　刷：昆明精妙印务有限公司
开　　本：889mm × 1194mm　1/16
印　　张：10
字　　数：240 千字
印　　数：41152 ~ 44151 册
版　　次：2005 年 7 月第 1 版
印　　次：2023 年 7 月第 14 次印刷
定　　价：150.00 元

出版发行：云南出版集团　云南科技出版社
全国新华书店经销
地　　址：昆明市环城西路 609 号
电　　话：0871-6490886